「働く幸せ」の道

知的障がい者に導かれて

日本理化学工業株式会社会長
大山泰弘

WAVE出版

はじめに

日本理化学工業株式会社は、こつこつとチョークづくりに取り組んできた社員85人の小さな会社です。

私が、創業者である父の後を継いで入社したのは1956（昭和31）年、大学を卒業したばかりの23歳のときでした。

これまで、経営者として、なんとか会社を持続させるために精一杯がんばってきました。

驚かれると思いますが、わが社では社員の7割を知的障がい者が占めています。

私が入社して4年目のときに、初めて2人の15歳の知的障がい者を雇用したのでした。

ただ、当時の私には、知的障がい者に対する理解もなければ、障がい者雇用に対する理念もありませんでした。

実のところ、ちょっとした同情心と、〝なりゆき〟で始まったものだったのです。

工場見学では、著書にサインを頼まれ、座右の銘を書いている。
写真：Yumiko Yamano 様

ところが、これは私のとんだ思い上がりでした。

一般に、知的障がい者は健常者に劣ると見られているかもしれません。

しかし私は、彼・彼女らから、人生にとって大切なことは何か、人はいかに生きるべきかといったことを教えてもらってきたのです。

今、しみじみとそう思います。

彼らから教わった大切なことのひとつは、「働く」ことの意味です。

私どもの工場の敷地内には、彫刻家・松阪節三氏が制作・寄贈してくださった「働く幸せの像」が建っているのですが、その台には、次のような言葉を刻ませていただいています。

導師は人間の究極の幸せは、
人に愛されること、
人にほめられること、
人の役に立つこと、
人から必要とされること、
の４つと言われました。

働くことによって愛以外の3つの幸せは得られるのだ。

私はその愛までも得られると思う。


（大山泰弘）


人間の幸せは、働くことによって手に入れることができる——。

このシンプルな真理に気づかせてくれたのは、彼ら知的障がい者でした。

当初、私は、工場でつらい思いをして働くよりも、施設で過ごしたほうが、彼らにとってずっと幸せなはずだと思っていました。

しかし、彼らは施設に戻ろうとしませんでした。

なぜ、なんだろう？

わき目もふらず、一心不乱に作業に打ち込み、休憩のベルがなっても手を休めようとしません。

なぜ、こんなにも無心になれるんだろう？

私には、不思議でなりませんでした。

しかし、あるとき目を開かされたのです。

「上手にできたね」

「がんばったね」

とほめられ、

「ありがとう」

と感謝され、

「君がいないとみんなが困る」

と必要とされたときの彼らの輝かんばかりの笑顔。


うれしそうでもあり、誇らしげでもあるその表情は、私に大切なことを教えてくれたのです。

人は仕事をすることで、ほめられ、人の役に立ち、必要とされるからこそ、生きているよろこびを感じることができる。

家や施設で保護されているだけでは、この人間としての幸せを得ることはできない。

だからこそ、彼らは必死になって働こうとするのです。

働くことが当たり前だった当時の私にとって、この幸せは意識したことすらないものでした。

チョークづくりのラインで働く中山文章さん。一心不乱に仕事に取り組んでくれている。

しかし、意識していなくても、「働く幸せ」はずっと私の心を満たしてくれていたのです。

それがいかにかけがえのないものか――。

私は、生まれて初めて考えさせられました。


周利槃特（しゅりはんどく）という高僧がいます。

お釈迦様が、修行最高段階の地位といわれる羅漢（らかん）16人のお弟子の1人に選んだ人物です。

周利槃特は何を聞いても忘れる人で、自分の名前すら忘れるほどだったそうです。

今であれば、知的障がい者と呼ばれていたのではないでしょうか。

周利槃特にはすこぶる頭のいい、摩訶槃特（まかはんどく）というお兄さんがいました。

あるとき、そのお兄さんは、

「お前がいては迷惑がかかるばかりだから、ここを去れ」

と言って周利槃特を祇園精舎（ぎおんしょうじゃ）から追い出しました。

追い出され、門の外で泣いていた周利槃特に、釈迦は、

「お前にはお前の道がある。明日からこの言葉をとなえながら掃除をしなさい」

と語りかけ、「塵を払わん、垢を除かん」という言葉と箒を与えたのだそうです。

そして一心に掃除をしている彼を見ると、周囲の人がみな思わず手を合わせたくなるほど、その姿が尊く気高いものであることから、釈迦は無言で説法ができる者として、周利槃特を十六羅漢に加えたのだといいます。

私は、工場で働く障がい者の姿に、同じことを感じてきました。

彼らの内にある周利槃特の無言の説法に導かれて、私は今日まで生きてきたのです。

親御さんの切なる思い

障がい者雇用を始めてまもなく六十年——。

この間には、経営的に厳しい時期もありました。

そんなときには、本業のチョークづくりにこだわらず、いろんな仕事をとってきて、なんとか雇用をつないできました。

また、チョークづくりに新たな活路を見出すために、新商品の開発にも積極的に取り組んできました。

それは、経営者として当然の責任ではあるのですが、彼らのためにと考えることが何より私自身の力となってきたのです。


彼らだけではありません。

親御さんの存在も大きなものがありました。


新しい知的障がい者の社員が入ってしばらくすると、早朝に、「今日は1人で行かせますので、よろしくお願いします」という電話をいただくことがあります。

毎朝、出勤に付き添ってこられていたご家族が、「そろそろ大丈夫かな」と判断されたのです。

そんな朝は、こちらもどきどきしながら、その人が門をくぐって入ってくるのを今か今かと待っています。

ついに到着し、不安と緊張で顔も体もパンパンにしながら、元気に「おはようございます」と挨拶してくれたときには、こちらも心底ホッとして、「よく1人でこられたね。君も一人前だね」と肩をたたいてねぎらいます。

そして、ふと目を門のほうに移すと、「1人で行かせる」と言ったはずのお母さんが、その様子を電柱の陰からそっと見守っていらっしゃるのです。

その切なる思いに、何度も心を動かされたのです。

わが社の障がい者雇用第1号社員の1人である、林緋紗子さんのお母さんも忘れられません。

笑顔をたやさない社交的な方です。

知的障がい者の親御さんはみなさん言葉につくせないご苦労をされていますが、その明るい振る舞いはそのことを微塵も感じさせません。

そんなお母さんの気質を受け継いだのでしょうか、緋紗子さんも、笑顔のかわいい、とても人なつっこい女の子でしたから、社員みんなに可愛がられました。

仕事も一所懸命やってくれるので大いに助かりました。

ある日、緋紗子さんが出社すると、「昨日、お母さんが赤飯を炊いてくれたんですよ」とうれしそうに話しかけてくることがありました。

「どうしてお赤飯を?」とたずねると、「昨日、会社でほめられたから……」と照れくさそうに微笑みます。

近くに住むきょうだいやその家族も集まってお赤飯を食べながら、みんなで「よかったね」とお祝いしてくれたというのです。

そのときは、「もっとがんばってほめられたら、またお赤飯が食べられるね」といって笑い合っただけでした。

お母さんの境遇を知ったのは、その後のことです。

旦那さんを早くに亡くし、女手ひとつで４人のお子さんを育てられました。

しかも、実は、緋紗子さんのお姉さんも知的障がい者でした。

そして、養護学校からある会社に入ったのですが、長くは続かず、若くして亡くなってしまったのです。

このようなご経験をされたお母さんにとって、緋紗子さんが元気に働いていることは、どれだけうれしく、かけがえのないことだったでしょう。

「赤飯」にこめられたお母さんの気持ちを思うと、胸が熱くなりました。

15歳で入社した緋紗子さんは、お母さんの体調を理由に、２０１２年９月で「そろそろ卒業します」と言われた68歳まで勤めてくれました。

お母さんは、１００歳まで伴走して、緋紗子さんの就労を支えてくださいました。

重度の知的障がい者が、民間企業で働くのは、たやすいことではありません。

だからなおのこと、親御さんも、なんとか働く場を与えてあげたいと切望されるの

林緋紗子さんと。林さんは、1960（昭和 35）年、15 歳のときに障がい者雇用第 1 号社員として入社。60 歳定年まで勤め上げたのち、8 年間再雇用。まさか、ここまでがんばってくれるとは……。

でしょうし、こちらが雇用継続できるよう協力し、陰に陽に応援してくださるのです。

ご家族の幸せも守りたいという思いでやってきたつもりでしたが、実のところ、支えていただいたのは私のほうだったのです。

だからこそ、商い下手な私が、これまで経営を継続することができたのです。

「働く幸せ」を大事にしたい

いろいろな方に支えていただきながら、日本理化学工業は地道なあゆみを続けてきました。

特に、2008（平成20）年3月に坂本光司先生が出された『日本でいちばん大切にしたい会社』（あさ出版刊）で紹介していただいてから、テレビや新聞、雑誌に頻繁に取り上げられるようになりました。

驚くとともに、「なぜ、私どもの会社が？」と考えさせられました。

『カンブリア宮殿』（テレビ東京、08年11月）に出演したときには、たくさんの方から手紙やメールをいただきました。

ブログに感想を書かれたものも拝見しました。

印象的だったのは、20〜30代のサラリーマンからの反響が大きかったことです。

その多くは、知的障がい者が働く姿を通して、ご自分にとっての「働く意味」について思いをめぐらせるものでした。


「知的障がい者が働く姿に心打たれました」

「私たちは、仕事に対してこんなふうに感じられるだろうか」

「4つの究極の幸せは人間みんなに共通することです」

「(究極の幸せは) 日本が今、失いかけている大切なものです」

「僕らの麻痺した心」


と書いてこられた方もいらっしゃいました。

こうしたメールやブログなどの感想に目を通すうちに、私なりに思い当たることがありました。

近年のニュースを見聞きする中で、社会全体が「働く」ということの意味を見失ってしまったのではないかと感じていたのです。

たとえば、「派遣切り」。

厳しい経済情勢の中、会社が生き残るためにはやむをえない側面もあったのかもしれませんが、やはり、働く場を失った人々のことを思うと胸がいたみます。

クビのつながっている人も、「明日はわが身」とおびえつつ過ごさなければなりませんので、働いていても、常に不安がつきまとっているのではないでしょうか？

あるいは、30代サラリーマンにうつ病が増えているといいます。

働き盛りの人々がなぜ、幸せになるどころか、苦しまなければならないのでしょうか？

きっと、ご家族も深く悲しんでいらっしゃるはずです。

もしかすると、「働く幸せ」を感じられる人がどんどん減ってしまっているのかもしれません。

だからこそ、多くの人々が私どもの会社に関心を寄せてくださっているのではないかという気がするのです。

私には、現在のような日本の労働環境については、何か間違っているように思えてなりません。

私たちは、もう一度、働くことの原点を見つめなおす必要があるのではないでしょうか？

「無言の説法」に耳をすませてみる必要があるのではないでしょうか？

そのときに、知的障がい者に導かれてきた私の人生、そして日本理化学工業のあゆみが、多少なりともみなさまのお役に立てるなら……。

そう思い立って、僭越ながら本書をまとめてみようと思いました。

私は、会社とは社員に「働く幸せ」をもたらす場所だと考えています。

もちろん、会社を存続させるためには利益を出すことが絶対条件です。

しかし、利益第一主義で「働く幸せ」を度外視してしまうと、会社が永続的に発展する力が失われてしまうでしょう。

その意味で、私は仕事でいちばん大切なのは「働く幸せ」だと考えているのです。


本書は２００９年に出版された『働く幸せ』（２００９年）、『日本でいちばん温かい会社』（２０１６年）の改訂版として出版される運びとなりました。

長きにわたる知的障がい者雇用によって、誰もが「役に立ち、必要とされる幸せ」を求めていることに気づくことができました。

そして本の出版や講演活動などを通じ、たくさんの新しい出会いや気づきがありました。

たくさんのありがたい経験を通し、私が提言したいと思い至ったのは、すべての人が、働くことで幸せを感じられる社会です。

私はそれを「皆働(かいどう)社会」と名づけました。

詳しくは第6章でお伝えしますが、日本国憲法第27条「すべて国民は、勤労の権利を有し、義務を負う」に裏づけられた「皆働社会」こそが、これからの日本が目指すべき道なのです。

懸命に、そして幸せそうに働く知的障がい者こそが、国民に無言の説法をして、国民皆が幸せになれる「皆働社会」への気づきを与えてくれたのです。

「働く幸せ」の道／もくじ

第1章

「逆境」を最大限に活かす

第2章

働いてこそ幸せになれる

第3章

幸せを感じてこそ成長する

第4章

地域に支えられて

第5章

「働く幸せ」を叶えるために

~五方一両得の重度障がい者が社会で働ける制度の提言

第6章

会社は、人に幸せをもたらす場所

装丁●加藤愛子（オフィスキントン）
本文DTP●NOAH
写真●五十嵐秀幸

第1章

「逆境」を最大限に活かす

社会のアウトサイダー

それは、思いがけない形で始まりました。

父が経営する日本理化学工業に入社して3年あまりが過ぎたある日のこと。会社から遠くない場所にあった東京都立青鳥(せいちょう)養護学校の先生が、突然、私どもの会社を訪ねてこられました。

たしか40代くらいの、男の方でした。

あるとき学校の黒板においてあるチョークの箱に目を留められたそうです。そこに書かれた「日本理化学工業」という会社の住所を見ると、青鳥養護学校がある世田谷区の隣の大田区です。

そこで「来年の3月に卒業する生徒の就職をお願いできませんか」とお願いに来られたのです。

都立青鳥養護学校は、1947(昭和22)年に品川区立大崎中学校の分教場としてスタートした知的障がい児を対象とした学校です。

全国の知的障がい養護学校の中でも、もっとも歴史のある学校のひとつで、分教場時代から、「社会参加、自立という夢の実現をめざす」という教育理念を掲げていらっしゃいました。

先生は、この教育理念を現実のものにするために汗を流していたのだと思います。

しかし、当時の私は「障がい者」には縁遠い生活で、先生の訪問に戸惑うばかりでした。

ノーマライゼーションなどという言葉はもちろんまだ登場していませんでしたし、知的障がい者は「精神薄弱者」「知恵おくれ」「白痴」などとも呼ばれ、「きちがい」扱いされることさえありました。

そしてその家族は、社会の差別と偏見を怖れ、家の奥のほうで人目を避けて暮らさせる。

そんな時代でした。

ちょうどこのころ、日本で初めて障害者雇用促進法が施行されたのですが、対象となるのは身体障がい者のみで、知的障がい者の雇用に関しては何の施策も検討されていませんでした。

知的障がい者は、まさに社会のアウトサイダーだったのです。

働くことを知らずにこの世を終えてしまう

私も「社会」の例外ではありませんでした。

「就職を」と懇願する先生に向かって、「精神のおかしな人を雇ってくれなんて、とんでもないですよ」という言葉を発したのは、何を隠そうこの私自身なのです。

当時、精神薄弱者（児）と聞いて、どういう方なのかまったく知らなかったので、そういう人がつくったものをお金を出して買ってもらうことなど到底できるはずがないと考えて、お断りしたのです。

しかし今考えると、その先生には大変な熱意がありました。

3度お願いに来られたのですが、3度目にこうおっしゃったのです。

「どこの会社にも就職について取り合ってもらえませんでした。もう、就職をとは申しません。せめて卒業するまでに、一度でいいから働く経験だけでもさせていただけませんか。東京では福祉施設が都市部にはなく、あの子たちはこの先、15歳で親元を離れ（当時は高等部がなく、中等部までしかなかった）、地方の施設に入らなければなりません。そうなれば一生、働くということを知らずに、この世を終えてしまうのです。この最後のお願いをきいてくれませんか」

そこまで言われてしまったら、ちょっとはお手伝いしないといけないなという気持ちになり、「2週間程度なら」ということで、就業体験を受け入れたのでした。

彼女たちにやってもらったのは、完成したチョークを入れた包装用の箱の上に、糊のついたシールを貼る仕事でした。

わが社の作業の中ではもっとも簡単な部類に入る作業です。

その仕事に2人は、本当に熱心に取り組んでくれました。

お昼休みのベルがなっても手を止めようとしません。

「もう、お昼休みだよ」と肩をたたいてやっと気づくほどでした。

一枚一枚のシールを貼りつける姿は、真剣そのもの。

ちょっとした失敗でも、居場所のないように身を縮みこませるので、「そんなに気にすることじゃないよ」と言うと、心底ホッとした表情を見せます。

そして、仕事がうまくいって、「ありがとう、助かったよ」と声をかけたときには、心からうれしそうな笑顔を見せてくれました。

その姿には、何か、私たちの心を打つものがありました。

仕事の能率はともかくとして、2人の実習生の一所懸命取り組む姿を見ていると、まわりが手を差し伸べて、応援したくなる雰囲気があったのです。

「私たちがめんどうをみます」

2週間の実習の間、私はほとんど現場にも入らず社員たちに任せっぱなしで、実習を終えたらお帰しするつもりでいました。

ところが今日が最後という日のお昼すぎに、女性社員たちが5、6人でぞろぞろとやってきて、こう言ったのです。

「専務さん、預かった2人の実習生、すごく一所懸命やってくれています。お昼や休憩も自分たちで行こうとはせず、私たちがそばに行くまで手を止めようとしないんです。そんなふうにがんばってくれる15歳の女の子が、お父さんお母さんと離れて施設で一生暮らさなければならないなんてかわいそうです。たった2人なのだから、私たちがめんどうをみますから、あの子たちを雇ってあげてください」

当時は中年の女性社員が多かったので、15歳というと自分の娘と同じくらいの年齢であり、かわいそうに思ったのだと思います。

私は父のかわりに専務というポストについていましたが、大学を出たばかりの若造が、年長者の女性社員たちから総意だと言われたものですから、「じゃあ、みんながそこまで言ってくれるならそうしてみようかな」と、2人の女の子を雇用することにしたのです。

1960（昭和35）年、これが日本理化学工業の知的障がい者雇用の始まりでした。

このときは同情心からでした。

このときは、まさか自分が障がい者雇用に取り組むことになろうとは、思いもしませんでした。

しかし、今振り返ると、このときすでに、私の中にはそのような人生を送る素地ができていたようにも思えます。

今日にいたるまでに下してきた数々の決断、数々の迷い、そして数々の出会い……。

なぜ、あのときあのように決断したのだろう？

なぜ、あそこで迷ったのだろう？

なぜ、あの出会いに私は導かれたのだろう？

こんなことを考えると、わが社の成り立ちや、私が過ごした青少年期の経験が影響を与えたように思えてなりません。

そこで、障がい者雇用についてお話しする前に、私が入社するまでのことを書いておきたいと思います。

体に害のないチョークをつくる

日本理化学工業は、今から約80年前の1937（昭和12）年、父・要蔵が33歳のときに設立した会社です。

父の生まれは、東京は蒲田・萩中（現・大田区）の農家でした。

たしか11人きょうだいの末っ子で小学校を卒業しないままに、商店に丁稚（でっち）奉公に出ました。

「小学校も出してもらえなかったのか、かわいそうに……」と同情される方もいらっしゃるかもしれませんが、本人の希望もあってそうしたようです。

幼いころから自転車が好きだった父は、早く自転車に乗りたくてしかたがなかったそうで、商店に行って働けば、すぐにも乗ることができるのではと考えて、小学5年生で学校をやめてしまったといいます。

奉公を終えて最初に興したのは、文具・雑貨の卸問屋「大山商店」でした。

文具の卸し先は主に学校です。

その関係で、教科書の販売などもやっており、多少とも授業の内容や事情を見聞きしていたのでしょう。

文部省が、工作の授業に使う黍稈細工（色彩を施したキビ＝トウモロコシの茎の芯と、細く裂いたその皮でいろいろな形をつくる）の材料が国内では間に合わず困っている話を耳にし、日本統治下だった現在の韓国に「大山キビガラ工場」をつくったりもしました。

そんな父が、日本理化学工業を設立してチョークづくりを手がけるきっかけとなったのは、東邦大学医学部の前身、帝国女子医学専門学校の先生からの依頼でした。

同校と同じ蒲田に店を構えていた関係で、「アメリカには、粉の出が少ない、体に害のないチョークがあるようなので、輸入してもらえないだろうか」と、相談してこられたのです。

「粉の飛散しにくいチョークなんてあるのか？」

驚いた父はさっそく、アメリカから商品を取り寄せて納品するとともに、その原料を調べてみました。

ビジネス・チャンスを感じ取ったのでしょう。

すると、98％は炭酸カルシウムで、残り2％が凝固剤でした。

炭酸カルシウムは、日本にたくさんあります。

これを日本国内でもつくることができたら、今、取り引きのある学校の先生にも、「粉の飛散しにくい衛生的なチョーク」として安心して使っていただけるのではないか。

そう考えた父は、友人の研究者に商品開発を依頼しました。

しばらくしてその方が、試作品ができたといって持ってきてくださいました。

つくってみてわかったのは、炭酸カルシウムでつくる場合は、ふつうのチョークの製法ではうまくいかないということでした。

それまで、日本でつくられているチョークはすべて、原料として石膏を使っていました。

石膏は自然に固まるので、原理的には、水で溶いた石膏を型に流し込めば、あとは乾燥したら型から抜くだけでいい。

しかし、炭酸カルシウムは、型に流すだけでは固まってくれません。

わずかですが凝固剤を加え、さらに練り固める必要があるのです。

そのため、国内で販売されている石膏チョーク製造機ではつくることができません。

アメリカから機械を取り寄せることも考えましたが、それも不首尾に終わったようです。

ここであきらめないのが父らしい。

つくり方を徹底的に調べ上げたのです。

その結果、パステル（絵画に使われる画材）の製法に似ていることが判明。

父はつてを頼ってドイツからパステルの製造機械を輸入し、炭酸カルシウム製チョークの国産化に踏みきったのでした。

このチョークは粉の出が少ないことから「ダストレスチョーク」と呼ばれました。

こうして父は、日本初のチョークをひっさげて日本理化学工業を立ち上げました。

焼け残ったチョーク製造機

思いがけないことに、最初にダストレスチョークに注目してくれたのは軍隊でした。

将校らが戦術を立てる際に、クレヨンよりぼかしが利き、石膏チョークより消した痕跡が残らないということで、とても使い勝手がよかったようです。

そこで、父は「キットパス」という商品名をつけ、作戦用チョークとして販売しました。

学校の子どもたちや先生の健康を損ねないチョークという父の思惑とはかなり方向が違ったけれど、おかげさまで需要はそれなりにあり、チョーク事業の滑り出しは順調でした。

こうして父はある時期、文具・雑貨の「大山商店」、韓国の「大山キビガラ工場」、そしてチョーク製造の「日本理化学工業」の3事業を並行して経営していました。

キビガラ工場の様子を見に、しばしば韓国にも足を運ばなくてはなりません。

当時、韓国に行く船は九州から出ていたので、父は、東京・九州・韓国と飛び回る日々を送っていました。

父の留守中、大山商店とチョーク工場を守っていたのは母のはなでした。

母は結婚した当初から父の商売を手伝って店に出ていました。

子どもが生まれてもそれは変わりませんでした。

私は働く母の姿ははっきりと覚えているのですが、子どもとして甘えた記憶はほとんどありません。

子どものめんどうはみな、お手伝いさんたちがみてくれていました。

当時の私の夢は、海軍大将になることでした。

なぜ海軍だったのかはさっぱり覚えていませんが、とにかく大きくなったら、自分は偉い軍人さんになるのだと、心に決めていました。

きょうだいは8人もいましたから、家の仕事はその中の誰かがやるだろうと、店のことも工場のことも、まったく意に介していませんでした。

第2次世界大戦が始まると、小学生だった私は富山県の氷見に学童疎開の第1号で疎開することになりました。

富山での疎開生活は、それほどつらくはありませんでした。「両親と離れてこんなところに1人できて、かわいそうに」といって食べものを差し入れてくれるなど、地元の人たちはとてもやさしかったし、同世代の子どもたちも親切で、いじめられた記憶もほとんどありません。

ただ、食べものにはたしかに苦労をしました。

年中ひもじくて、口に入れられるものは手当たりしだい何でも食べました。

あるとき、白いツブツブが入った箱があったので、お菓子かと思って食べたら、それが消化剤であることが後でわかったという、笑い話のようなこともありました。空腹を満たそうと食べたはずが、ますますお腹をすかせてしまったわけです。

まぁ、このように平穏な疎開生活だったのですが、もうすぐ中学校入学というので、疎開先から東京に戻ってみると、自宅は店のある蒲田から田園調布に移っていました。

京浜工業地帯の一角である蒲田は爆撃されるおそれがあるからと、少し離れた場所に家を借り、両親はそこで生活していたのです。

1945（昭和20）年3月10日――。

東京大空襲のその日、私たちは田園調布の家にいました。

蒲田の方角を見ると、空が赤々と燃えています。

あの下に、うちの工場がある。

それがわかっていても、なすすべはありません。

今となれば、父の悔しい思いを想像することもできますが、子どもの私には、工場が焼けてしまったらどうなるかなどと考える分別はなく、ただただ、赤い空を遠く見つめるだけでした。

しかし、その後、中学校に行くために赤坂見附を歩いたときに見た光景は、強烈な映像として脳裏に焼きついています。

あたりはまさに焼け野原。

死骸もころがっていました。

戦争の無惨さを目の当たりにした私は、玉音放送で終戦が告げられても上の空でした。

お国のために国民が一丸となって闘ってきたその結果がこれなのかという思いと、これから自分はどうしたらという空虚さが入り混じった思いだったのです。

海軍大将にあこがれる「軍国少年」だった反動もあったのでしょうか、言いようのない虚脱感を抱えながら、中学、そして高校へと進学しました。

空襲で店も工場もすっかり焼けてしまいましたが、チョークの機械だけは焼け残りました。

もちろん、かなり傷んでいましたが、手を加えれば、どうにかチョークはつくれる状態でした。

そこで、父はこの機械を修理して、ダストレスチョークの製造を再開することにしました。

たまたま、同じ大田区内の雪谷に焼夷弾を免れた一画があり、比較的棟の高い建物を仲介してくださる方がいました。

戦火を生き延びた機械をそこにすえつけ、父の新たな挑戦は始まったのです。

何しろ、もののないご時世。

商店をやるにも、品物がなければ商売にはなりません。

逆に、ものをつくることができたら、必ず売れる時代でした。

ですから父は、大山商店ではなく、チョーク工場すなわち日本理化学工業を復活させることにしたのです。

初めての挫折

東京都立第一中学校（現・都立日比谷高等学校）に入学してからは、文学に惹きつけられました。

当時、この学校には、「やまびこ」という同人誌会がありました。

自分はどちらかというと身体を動かすほうが好きで、「文学青年」という柄ではなかったのですが、誘ってくれる友人がいたので、文学青年たちの仲間に入れてもらうことにしたのです。

まわりのみんなは熱心に小説を書いていましたが、自分が書くのはもっぱら随筆でした。

書いたものを仲間のあいだで回覧し、「文学は、人間の心を美しくさせるものであるべきだ」などと語り合ったものです。

少し気恥ずかしいですが、懐かしい思い出です。

こうして、文学仲間と楽しく過ごした高校時代でしたが、その後、挫折を経験することになります。

大学受験です。

私は同人誌会「やまびこ」のほとんどの仲間と同じく東京大学をめざしていました。

しかし、私だけ、本試験すら受けることができなかったのです。

当時、「知能テスト」というものがあり、ここでひっかかると東大を受験する資格を得ることができませんでした。

つまり、私は「足きり」にあったのです。

そして、1浪して再チャレンジしたものの、本試験で落とされてしまいました。

これはショックでした。

仲間が1回のチャレンジでクリアしたハードルを2度も失敗したのです。

屈辱感にさいなまれました。

もう一度、挑戦したい。

そうも思いましたが、家庭の事情はそれを許してくれませんでした。

父は当時も代表取締役社長を務めてはいましたが、戦前からの無理がたたったのでしょう、心臓弁膜症という病気を患い、実際には寝たり起きたりの生活になっていました。

私は男6人、女2人の8人きょうだいの次男ですが、兵役から戻ってきた長男は、やりたいことがあるからと家業を継ぐ意志はありません。

まだ学齢期にある弟妹たちもいました。

そうしたもろもろのことを考えれば、もうこれ以上〝浪人〟することはできません。

そうして選んだのが中央大学でした。

私にとっては、これが初めての挫折でした。

今となれば、東大に合格するかどうかなど、人生にとってさほど重要な意味をもたないことだと思います。

しかし、当時の私にすれば、自分の存在さえも否定されるほどショックでした。

大学生になってもしばらくは、東大を落ち、浪人しても結局入れなかったという深い失意と挫折感を抱え込んでいました。

そして、若いなりに、自分はこれからどう生きていくのか、懸命に考えました。

心をとらえた「心の彫刻家」

たどり着いたのは、

「これからは逆境を甘んじて受け入れ、その境遇を最大限に活かす人生でいこう」

という考えでした。

いつまでも失意に浸っているのではなく、私を受け入れてくれた中央大学で精一杯がんばってみよう。

それが、私に与えられた人生なのだ。

そう気持ちを切り換えたのです。

そう思い定めると、心が晴れました。

さて、どうしようか？

私は高校時代から親しんでいた、文学を続けることにしました。

入学したのは法学部でしたが、仲間と「ともしび会」という文学サークルをつくって、読書会のような活動をすることにしたのです。

「法科の中央」と称されるように、中央大学は伝統的に法学で知られ、法曹界や官界に多くの卒業生を送り出してきました。

学生たちは、入学すると同時に六法全書を小脇に抱えてキャンパスを歩きだす、そんな環境でした。

私は、なんとなくそんな学生たちの姿に反発を感じていました。

人を裁くには、条文を理解するだけでなく、もっと幅広い視点で人間を見つめなければならない。

だから文学を学ぶことが大事なんだ。

そんなふうに考えていたのです。

「法学部なのに、なぜ文学なんだ？」と後ろ指をさす学生もいました。

しかし、そんな雑音には惑わされませんでした。

幸い、「大変よい心がけだ」といって応援してくれる文学部の教授があらわれ、「ともしび会」の活動は軌道に乗っていきました。

その後、刑法学の教授も、活動趣旨に賛同してくださり応援してくれるようになるなど、とてもいい出会いに恵まれました。

忘れられないのは、このころに観た映画「二十四の瞳」です。

スクリーンに映る主演・高峰秀子さんの美しさもさることながら、子どもたち一人ひとりの人格を磨き上げるような教師の姿に感動したのです。

心の彫刻家――。

この映画をきっかけに私はひそかに教師になりたいという夢を抱くようになりました。

終戦で「偉い軍人になる」という夢をなくして以来、初めて心からあこがれた職業でした。

父が受けた深い傷

このように、当初は「逆境」に思えた中央大学で、私は充実した学生生活を送っていました。

学生時代の私（２列目一番左）。きょうだいとその友達と自宅庭先で撮影。

ところが、このころ、会社の存亡にかかわる大事件が発生しました。

会社乗っ取りをしかけられたのです。

父が開発したダストレスチョークの評判は上々でした。

衛生無害のチョークとして文部省のあっせん商品に指定されたほどです。

しかし、まだまだ日本理化学工業という会社の知名度は低いため、販路を広げるのに苦戦していました。

そこで、全国に幅広い販売ルートをもつ、ある医療関係の団体の副会長さんに販売を一手に委託することにしたのですが、これがトラブルのもとになりました。

なんと、「これは売れる」と考えた副会長さんが、うちの工場長を買収して引き抜き、同じような製品をつくる会社を立ち上げてしまったのです。

そこに、「それは大変だ、なんとか話をつけてあげよう」という人があらわれました。

間に入って交渉してくれたのはいいのですが、今度はその人が乗っ取りを企て、こちらが知らぬ間に、かなりの株式を買い占められていました。

すべてしくまれていたのでしょうか？

心臓弁膜症で思うように動くことのできない父は、会社を守るために必死に応戦しました。

副会長に奪われた顧客は、残されていた出荷伝票から辿ってなんとか繋ぎとめ、半分になってしまった株式も、友人知人からお金を借りて買い戻し、どうにかこうにかピンチを乗り切ることができました。

私はその渦中にはいませんでしたが、父が受けたであろう深い傷に胸が痛みました。

身体的なつらさに加え、精神的にも大変な思いをして会社を守った父。

その気持ちに応えないわけにはいかない……。

そんなふうに思いました。

しかし、それで会社を継ぐ腹が決まったわけではありませんでした。

教師になる夢もありましたし、法学の研究にも引き込まれていました。

20歳そこそこの私の前には、無限の可能性が広がっていたのです。

その可能性に挑むことができないのかと思うと、正直うらめしいような気持ちにもなるのでした。

会社を継ぐ決断

そして、いよいよ卒業を迎えることになりました。

実はこのとき、「ともしび会」を応援してくださった刑法の先生に、大学に残って研究者の道を歩んではどうかと誘っていただきました。

うれしかっただけに悩みました。

しかし、結局私は、父を助け、会社を継ぐことを選びました。

自分が経営者に向いているとはまったく思いませんでした。

子どもの時分から人づきあいは得意ではなかったし、かえってほかのきょうだいのほうがずっと如才なく、社交的で、経営者向きでした。

おそらく、静かに思慮熟考し、こつこつ研究を積んでいく人生のほうが、私の性格には合っていたでしょう。

「チョーク屋になるために大学で勉強してきたわけじゃない」という気持ちがなかったといえば嘘になります。

だから、自分が会社を継ぐしかない状況というのは、逆境そのものでした。

しかし、それを甘んじて受け入れようと思うことができたのは、受験の失敗で得た、私なりの人生訓のおかげだったと思います。

そして、このときの選択を、一度も後悔したことはありません。

いえ、「逆境」と思って飛び込んだ世界こそ、実は最高の選択でした。

今、そう断言できます。

会社に入ってからは、青年会議所などの活動を通して、学者をしていては知り合う機会がなかったであろう日本を代表する財界人や、さまざまな分野で活躍するエキスパートの方たちとの人脈を得ることができました。

ダストレスチョークの品質を少しでもよくしよう、あるいは作業効率のいい工場にしようと考えることは、いつも試行錯誤の積み重ねであり、研究者的な思考が求められました。

そして何より、知的障がい者と出会うことができました。障がい者と向き合いながら、彼らを立派な社会人に育てていくことは、あこがれていた「心の彫刻家」という教師像に重なっていました。

もっとも、実のところ、心を彫っていただいたのは私のほうなのですが……。

人生を振り返ってみると、私は、教育者や研究者になりたいという若かりしころに抱いていた夢を、別のかたちで実現することができたように思います。

１００％希望どおりの境遇ではなかったとしても、常に最大限の努力をしていれば、どこにでも自分の夢や思いを実現する道はあるのだと思います。

最近になって、一流企業の社長やお偉いさんになったかつての同級生たちから、「大山、お前はいい人生を送ってきたな。うらやましいよ」などと声をかけられるようになりました。

大学受験に失敗した、あんなに若かった自分が考えた「逆境を甘んじて受け入れ、最大限に活かす」という言葉を、80歳を超えた今、改めてかみしめています。

障がい者雇用を後押ししてくれた父と母

ともあれ、このような経緯を経て、1956(昭和31)年、私は、大学卒業と同時に日本理化学工業に入社することになりました。

父の容態はすでにかなり悪化しており、入社したその日から、私が実質的な責任者のようなものでした。

生まれたころから両親の商売をずっと見てきたせいか、習わぬ経を読む「門前の小僧」さながら、会社の経営に携わることには、特に戸惑いはありませんでした。

それに大学生のときから、経理関係の書類をつくったり、税金の申告手続きなどを手伝っていたので、意外にすんなり仕事に入ることができました。

そして、その6年後――。

1962(昭和37)年、父が遠く旅立ちました。

58歳の若さでした。

まだ独り立ちしない子どもたちを残して逝くことが気がかりだったのでしょう。

「あとを頼む」が、最期の言葉でした。

丁稚から文具・雑貨の店を興し、子どもたちの教材が足りないからと韓国に工場をつくり、アメリカから健康に害の少ないチョークを輸入して、ついにはダストレスチョークの国産化を実現した父の生涯を振り返ると、いつも、どちらかというと儲けよりも、社会の役に立つことは何かを考えていたように思います。

戦火に見舞われながら奇跡的に生き延びた日本理化学工業に、どんな夢を描いていたのか。

思い半ばで病に臥してしまったことは、さぞ無念だったにちがいありません。

入社後、私が会社全般を見るようになってからは、父はほとんど口出しすることもなく、私の思うとおりにやらせてくれました。

弟や妹たちのめんどうをみさせることになって申しわけないという思いが遠慮させていたのかもしれません。

「ああしなさい」「こうしなさい」といったことは、まったく言われませんでしたし、私自身もあまり相談することはなく、たいていは事後報告ですませていました。

ただ、知的障がい者を雇用することになったときには、病院に行き、「父さん、どう思う?」と相談めいたことをしたことを覚えています。

父は、

「知的障がい者が働く会社がひとつぐらい日本にあってもいいだろう。やってみたらいい」

と、病床から背中を押してくれました。

母も応援してくれました。

母は、大山商店の時代は毎日店番をして帳場をあずかり、日本理化学工業になってからは工場に入って工員とともに汗を流しました。

生涯現場の人でした。

知的障がい者を雇用するようになってから、工場でもっともよく障がい者たちのめんどうをみてくれたのも母でした。

ひとつだけ、いまだによくわからないことがあります。

どうして父は、「日本理化学工業」などという会社名をつけたのかということです。チョークをつくる会社なのですから、株式会社大山チョークとか大山工業あたりが順当なはずです。

「理化学工業」とは何やら研究所っぽいし、「日本」という言葉まで入っています。

そこに父が込めた思い、理念とは何だったのか。

日本をよくしたい、世の中の役に立つ製品を探求する会社でありたい、そんな思いがあったのかもしれません。

在世に、ちゃんと父に確認しておけばよかったと、今になって後悔しています。

第2章

働いてこそ幸せになれる

「カバ園長」の言葉

1960（昭和35）年は、騒然とした1年でした。

安保反対を唱える全学連7000人が国会に突入。警官隊との衝突によって、東大生、樺美智子さんが亡くなってしまいました。

日本社会党の浅沼稲次郎氏が暗殺されるというショッキングな事件も起きました。

一方、池田勇人首相は「所得倍増計画」を発表。

カラーテレビ放送がスタートしたほか、後にV9を達成する巨人軍監督に川上哲治氏が就任したのもこの年です。

まさに、高度経済成長の幕が切って落とされたのです。

そんな時代に、2人の知的障がい者が日本理化学工業に入社しました。

15歳の中学卒で養護学校を卒業したばかりのあどけなさの残る女の子たちでした。

「私たちがめんどうをみますから、あの子たちを雇ってあげてください」と言ってくれた社員たちの言葉に嘘はありませんでした。

社員みんなが、2人をかわいがり、本当によくめんどうをみてくれました。

知的障がいのため、実際の年齢よりさらに幼くみえる少女たちが夢中になって仕事に取り組む姿を、自分の子どもに重ねあわせていたのかもしれません。

ところが、私はといえば、たまに顔を出すくらいで、仕事を教えるでも世話をするでもなく、全面的に「おまかせ」を決め込んでいました。

正直に告白すると、「めんどうをみてくれると言ったのだから、お願いしますよ」といった心境だったのです。

ただ、私なりにずっと気にはなっていました。

ちゃんと大事にめんどうをみてくれる施設があるのに、わざわざうちのような工場で1日中働かせることに、どこか申しわけなさのようなものを感じていたのです。

そんな思いが常に心にひっかかっていたからでしょうか、ある日、ふと目をやったテレビで耳にした言葉が私を強くとらえました。

テレビに映っていたのは、上野動物園で飼育係をしていた西山登志雄さんでした。

その後、東武動物公園の「カバ園長」として有名になった方です。

「動物園で育った動物は、自分の生んだ子どもでも、育てようとしない。子育ての本能までも忘れてしまうのです」

と、その番組の中で話されたのですが、この言葉に、私は驚かされました。

自分の生んだ子どものめんどうをみるのは当たり前だと思っていましたが、動物園で決まった時間に食事を与えられ、ほかの動物から子どもを守る必要もない環境に慣らされると、いつしか子育ての本能までも失われてしまうというのです。

終戦直後から長年、飼育係を務めてきた西山さんの言葉は、動物について語っているにもかかわらず、聞いている者に人間についても思いをめぐらせるような説得力がありました。

不謹慎かもしれませんが、私は思わず、施設のことを連想しました。

そして、工場で働く2人の女の子のことを思いました。

施設で大切にめんどうをみてもらうことが、必ずしも本人にとってよいとは限らないということだろうか？　西山さんの言葉は、むしろ、一般社会で仕事をしたほうがいいということを示唆しているのではないだろうか？

もしそうだとすれば、彼女たちに働く場を提供することは、少なくとも間違ったことではないはずだ。

このまま進んでもいいのかもしれない、そんなふうに思えたのです。

住職の教え

とはいえ、もやもやした思いがすっきりなくなったわけではありませんでした。

私には、どうしてもわからないことがありました。

彼女たちは毎日、満員電車に乗って通勤してきます。

そして、一所懸命に仕事に励みます。

どうしても言うことを聞いてくれないときに、「施設に帰すよ」と言うと、泣いて嫌がります。

どうして、施設にいれば楽に過ごすことができるはずなのに、つらい思いをしてまで工場で働こうとするのだろうか？

私には不思議でならなかったのです。

そんな疑問が消えないまま、私はとある方の法要のために、禅寺を訪れました。

ご祈禱がすみ、参列者のために用意された食事の席で待っていると、空いていた隣の座布団に、偶然にもその寺のご住職が座られました。

みなさんもご経験があると思うのですが、こういう場面で無言でいるのは、お互いに居心地が悪いものです。

何か話さなくては……と頭をめぐらせているとき、ふと私の口から出たのはこんな質問でした。

「うちの工場では知的障がいの人たちが働いているのですが、どうして彼女たちは施設より工場にきたがるのでしょう」

唐突な問いかけでしたが、ご住職は次のように答えてくださいました。

「人間の幸せは、ものやお金ではありません。人間の究極の幸せは、次の4つです。その1つは、人に愛されること。2つは、人にほめられること。3つは、人の役に立つこと。そして最後に、人から必要とされること。障がい者の方たちが、施設でめんどうをみてもらうことより、企業で働きたいと願うのは、まわりの役に立って、必要とされることに幸せを感じる人間の証しなのです」

私は、思わず、言葉をなくしました。

そして、胸につかえていたものが、すっととれた気がしました。

私が根本的に間違っていたことに気づかされたのです。

私は障がい者たちに、

「今日もよくがんばってきてくれたね、ありがとう」

「一所懸命仕事をしてくれたから、助かったよ」

といった声をかけます。

こうした言葉をかけあうのは、職場ではごく当たり前のこと。

しかし、

「そうしたやりとりによって、人の役に立っている、必要とされていることを実感できる。それが幸せというものなのですよ」

とご住職は教えてくれたのです。

「ありがとう」と声をかけたときの彼女たちの笑顔が脳裏に浮かびました。

そうか。

施設で保護されていると「ありがとう」と言うことはあっても、「ありがとう」と言われることはないのかもしれない。

施設にいるだけでは、人にほめられ、人の役に立ち、人から必要とされることを実感することができない。

だからこそ、彼女たちは工場にやってくるのだ。

ひるがえって、自分はどうだろう。

「ありがとう」「助かったよ」と声をかけられても、その言葉を当たり前のように受け取っていた。

そこにこそ、人間の究極の幸せが存在していることを意識することなどなかった。

健常者にとっては、当たり前すぎて気づくこともできない「幸せ」。

それを手放したくなくて、2人の少女は必死にがんばっているのだ――。

そう考えると、彼女たちの「働く幸せ」を守ってあげなければ、という思いが湧き上がってきました。

思えば不思議なものです。

たまたま隣に座ったご住職に、苦しまぎれに質問したことで、こんなにも大切なことを教わったのです。

そして、その後の私の人生を大きく変えていったのですから。

ちなみに、ずっと後になってからですが、ご住職の言葉をよりよく理解できる〝あること〟に気づきました。

みなさんは、「国字」をごぞんじでしょうか？

「国字」とは、日本でつくられた漢字のこと。

これが、実にユニークな発想でつくられています。

たとえば、陸にあがるとすぐに弱ってしまうから「鰯」といった具合です。

そして、「働」も国字です。

「働」という文字は、「人」と「動」が組み合わさってできています。

私はこれを、「人のために動く」から「働」になったのだと解釈しています。

おそらく、人の道を説く僧侶が、

「人のために動くことを、働くというのだよ。人のために動いていると、愛される人間になる。だから一所懸命働きなさい」

という教えを込めてつくったのではないでしょうか？

そう考えると、とてもわかりやすい。

なぜなら、「人のために動く」から、ほめられ、人の役に立ち、必要とされるからです。

これが、「お金のために」「自分のために」であれば、そうはいきません。

無意識的な決意表明

さて、西山園長のお話と、ご住職からいただいたご助言によって、私はなんとなく

「2人の少女だけではなく、もっとうちの工場で知的障がい者が働けるようにしなければいけないのではないか……」

と考えるようになっていきました。

青鳥養護学校からはその後も毎年、卒業生の就職の打診を受けましたが、すべて受け入れました。

3、4年すると、わが社で働く知的障がい者は2桁にのぼっていました。

ただ、そのころはまだ知的障がい者雇用を本格化させようとはっきり意識していたわけではありません。

しかし、心の深い部分では、すでに気持ちは固まっていたのかもしれません。

ちょうどそのころ行った私の結婚式のことを思いだすと、そんな気がしてきます。

30歳になった1962(昭和37)年の遅い秋に、私は結婚しました。

私が披露宴の主賓にお招きしたのは、青鳥養護学校の校長先生でした。

もちろん、工場で働いている知的障がい者(当時はまだ卒業して間もない子どもたちばかりです)にも列席してもらいました。

それが、自然に思えたのです。

養護学校の校長先生のスピーチもさることながら、忘れられないのは、子どもたちが歌を歌ってくれたことです。

たしか、「赤とんぼ」だったと思います。

結婚式の場にしてはややさびしげな曲ではありますが、みんなで声をあわせ、一所懸命に歌うその歌声を聞きながら、「これからも、この子たちと一緒にやっていこう」という思いが胸にこみあげてきたのを覚えています。

そのときは考えもしなかったのですが、ふつう、結婚披露宴の主賓は、学生時代の恩師や会社の上司、経営者であれば、取引銀行などのトップにお願いするものです。にもかかわらず、主賓として校長先生をお招きし、知的障がい者にも列席してもらったということは、人生の門出にあたって、無意識的に自分の決意をみなさんにお示ししたかったのではないかと、今になって思えるのです。

実際、調べてみると、結婚式がすんでから障がい者雇用がぐっと増えています。それまでは、青鳥養護学校の卒業生を受け入れてきただけでしたが、健常者の社員が退職したら、その分は障がい者を採用するようにしたのです。

職場に起きた「軋轢」

こうして少しずつ増えてきた知的障がい者でしたが、社内では、あくまで健常者の〝お手伝い〟という位置づけでした。

知的障がい者は、字を読むのも、数をかぞえるのも、計算するのも苦手なので、それが当然だろうと思っていたのです。

そんな中、社内にちょっとした軋轢(あつれき)が発生しました。

日ごろ、健常者は障がい者を指導する立場にあります。

しかも、同じ仕事をしていれば、当然、能率に差が出てきます。

「私たちがめんどうをみますよ」という健常者社員の厚意からの知的障がい者雇用をスタートさせたのですが、その後、しばらくしてからパートで入った人たちには、その経緯も思いもわかりません。

そうこうするうちに、「あんなに仕事ができないのに、私たちと同じ給料というのは、納得がいきません」と不満を訴える社員がでてきたのです。

私どもが知的障がい者雇用を始めた昭和30年代半ばにはすでに最低賃金法があり、企業は地域や業種ごとに決められた最低賃金を支払うことが義務づけられていました。障がい者については、都道府県に届ければ最低賃金の適用を除外することができると定められているのですが、わが社では当初から、知的障がい者にも最低賃金を支払うようにしていました。

健常者のパートさんもだいたいが最低賃金。

言われてみれば、彼らの気持ちもわかります。

知的障がい者の数が増えるにつれ、不満に思う健常者が出るのも、当然といえば当然のなりゆきだったのです。

しかし、だからといって障がい者の気持ちを考えれば、今さら適用除外を申請することなどできるはずもありません。

①

②

昭和 30 年代の日本理化学工業の様子。①材料を練る「混練」という作業を行う知的障がい者の社員。②昼食にお弁当を食べる。③社員旅行での記念写真。

③

さて、どうしよう……。

そこで私が考えたのが、「お世話手当」でした。

パート職員も含め、健常者の社員全員に、障がい者のお世話をしてもらっているということで、手当を出すことにしたのです。

現場で一緒に作業をしたり、じかに指導したりする立場にはなくても、休憩時間や食事のとき、あるいは通勤時など、いろいろな場面で接触する機会はあるし、必ずめんどうをみてもらう場面が生じます。

その感謝とねぎらいを込めて考え出したのです。

たいした額は出せなかったけれど、これによって不満に思っていた健常者たちも気持ちをおさめてくれたようでした。

「会社もそれなりに気配りをしてくれている」と思ってもらえたようで、逆に「手当をもらっているんだから、親切にしなくては」と気持ちを切り替えてくれたのです。

私としては、知的障がい者雇用をやめるつもりはないし、かといって工場の女性たちにも辞められたら困るという板挟みの中からひねり出したアイデアでしたが、障がい者と健常者の関係をスムーズにする効果はあったと思います。

しかし、「お世話手当」でどうにか気持ちはおさめることができたのですが、お金では解決できない問題も感じ始めていました。

障がい者と健常者の関係性に注視するようになったことで、今まで気づかなかった問題が見えてきたのです。

健常者が障がい者の仕事ぶりを管理するやり方のままだと、どうしても、仕事をつくってあげる（命令する）側とそれを受ける側、主と従の力関係ができてしまいます。

しかも、考えてみれば、「お世話手当」をつくるということは、お世話する側、される側を固定化することでもありました。

それで本当にいいのだろうか、という疑問が頭をもたげてきたのです。

障がい者と健常者、どちらに軸足をおくか

仕事以外の場面でも、健常者と障がい者の行動や意識にズレが見え出していました。

たとえば社員旅行や忘年会といった行事は、仕事上のつきあいとはまた別の社員同士の交流の場であり、はめをはずして楽しむ機会でもあります。

そこに知的障がい者が加わると、お互い調子がおかしくなってしまうのです。

初めて障がい者たちと社員旅行に行ったときは、みなとても緊張したものです。

誰も、障がい者と長時間バスに乗って知らない場所に行き、同じ部屋に寝泊まりし

た経験などありません。

途中でふらっとどこかに行ってしまうのではないか、迷子になったらどうしよう、夜はちゃんと眠れるだろうか……心配はつきませんでした。

施設内だけでも退屈しないで遊べるよう、宿泊は大きなホテルにするといった配慮もしました。

旅行中も、障がい者、健常者ともに心から楽しむことはできませんでした。

健常者社員にすれば、せっかくの社員旅行、宿に着いたらのんびり風呂につかり、宴会ではお酒を飲んでゆっくり気晴らしもしたい。

それが本音です。

しかし、障がい者の世話をしなければならないと思うと、存分に羽を伸ばして楽しむことができません。

障がい者だってそうです。

食事も入浴も、自宅とは勝手が違う中で、健常者のリズムに合わせて時間を過ごさなくてはなりません。

決して居心地のいいものではなかったに違いありません。

そんな違和感を解消しようと、知的障がい者にペースを合わせた旅行や忘年会と、健常者のみの会とを、分けて実施していたこともありました。

しかし、それはそれで、寂しい思いがしたものです。

このような状況をみている中で、私はいよいよ決断をしなければならないと感じるようになっていました。

それまでは、ある意味では〝なりゆき〟に任せて進めてきた障がい者雇用でした。

しかし、それではもうもたないのではないか――。

障がい者の社員も、健常者の社員も大事。

そう思ってきました。

しかし、どちらに軸足をおいた経営をするのかはっきりさせなければ、双方にとって不幸を招いてしまうのではないか。

私が責任をもって経営方針を明確にするべき時期にきている。

そう思ったのです。

内心、腹は決まっていました。

しかし、正直なところ、それを明言し、経営の舵を切ることには不安がありました。

当時、経営状況は決してよくはありませんでした。

配当の遅配こそなかったものの、障がい者雇用に反対する株主がいたのも事実です。

彼らを納得させることができるだろうか。

〝お手伝い〟的存在であった障がい者を主力にして、品質・生産量を維持・向上させることができるだろうか。

健常者中心の職場のほうが、先々気楽なのではないか——。

一所懸命働いてくれている障がい者の姿をみつめながら、時に弱気な思いにとらわれている自分を意識するのはつらかった。

「逆境」という言葉も脳裏に浮かびました。

迷いを振り切る

徹底的に、重度の知的障がい者の幸せをかなえる会社——。

迷いを振り切って、この結論にたどり着くのには時間がかかりました。

しかし、この間徹底して自分を問い詰めたのが、現在に至るまで知的障がい者雇用をぶれることなく続けてこられた「礎（いしずえ）」になったのではないかと思います。

会社とは何か。

経営者とは何か。

私なりに真剣に考えました。

念頭にあったのは、あのご住職の言葉でした。

働くことで人は幸せになれる。

ならば、会社は利益を出すとともに、社員に幸せを提供する場でなければならないはずだ。

そして、この両方の目的を実現するために働くのが経営者であるはずだ。

たしかに、健常者中心の会社にすれば、利益を出すには有利だろう。

しかし、そのために知的障がい者が〝お手伝い〟のままでいて、本当の「働く幸せ」を提供できないとすれば、私がめざす経営者とは言えないのではないか？

しかも、元はといえば、知的障がい者のおかげで、ご住職の言葉に出会うことができたのだ。

もう迷うことはないではないか。

これが、自分に与えられた道なのだ。

逆境かもしれない。

しかし、そこで最善を尽くせば道は開ける――。

そう、自分を鼓舞しました。

「知的障がい者が働く会社がひとつぐらい日本にあってもいい」

生前の父の言葉も、私の背中を押してくれました。

よし、知的障がい者を主力とする会社をつくってやろう。

迷いを振り切ると気力が充実してきました。

そうと決まれば、いつまでも彼らを〝お手伝い〟にしておくことはできません。

どうすれば、知的障がい者だけで完璧なチョークをつくることができるようになるのか考え始めました。

「ビジネス」と「思い」の両立

私はツイていました。

「知的障がい者を主力とする会社をつくる」と決意したちょうどそのころ、この思いを後押ししてくれる貴重な経験をすることができたのです。

場所はアメリカ――。

意外にも、そのきっかけをつくってくれたのは、２つの自治体からの工場誘致の申し出でした……。

１９６５（昭和40）年のことです。

当時、わが社ではある問題に頭を悩ませていました。

ダストレスチョークの需要は順調に伸びていました。

しかし、大田区の工場が手狭で、生産が追いつかなくなっていたのです。

納期に遅れることも増え、お客様からの苦情をたくさんいただくようになっていました。

そこに舞い込んできたのが、工場誘致のお誘いでした。

私は思わず身を乗り出しました。

誘致を申し出てくださったのは、山口県と北海道美唄市。

山口県の売りは「地の利」でした。

大きなカルスト台地がある山口県は、炭酸カルシウムの産地です。

ここに工場をつくれば、原料の輸送コストを大幅に削減することができます。

それだけ、低コストで生産できるわけですから、ライバルのチョーク・メーカーが多い関西でのシェアを広げることもできます。

これは、ビジネス戦略的にはとても魅力的な条件でした。

一方、美唄市の動機は「知的障がい者雇用」でした。

そのころ、美唄市では、地元の知的障がい者が就職できる〝職場づくり〟に取り組んでいらっしゃって、全国の知的障がい者を雇用している企業に誘致を働きかけていたのです。

わが社を訪ねてみえたのは、市役所の福祉関係の職員さんと、社会福祉法人北海道光生会が運営している美唄学園の責任者のお2人。

とても熱心な方々でした。

企業の少ない美唄で知的障がい者の雇用を守ることの難しさを切々と訴えられる姿は、あの青鳥養護学校の先生と重なりました。

しかも、その後、市長さんまでもがわざわざ挨拶にみえたのです。

どちらにすべきか——。

私はかなり悩みました。

美唄市の「思い」に応えたい。

それに、企業の多い地域と、企業の少ない地域で、知的障がい者の雇用環境に差があることも理不尽ではないか。

私たちが工場を建設することで、少しでも状況が改善されるならば、やってみるべきだ——。

そう思いました。

ただ、純粋にビジネスのことを考えれば、答えは明らかに「地の利」の山口県。

私は経営者です。

「思い」だけで経営はできません。

商売上のメリットを度外視するわけにはいかないのです。

じっくり考えをめぐらせました。

そして、最終的には、納期遅れが続いていた北海道に工場をつくれば、問屋筋の応援も得られるという計算をしたうえで美唄市に決定したのです。

このときの選択は正しかったと思います。

経営にあたっては、「ビジネス」と「思い」を両立させることが重要ですし、実は、この後、美唄市に工場を建設したことによって思いがけないビジネス・チャンスを得ることができたからです。

このことについては第4章でゆっくりお話ししたいと思います。

世界一の工場をつくりたい

さて、こうして美唄に第2工場を建設することが決まったのですが、せっかく新しい工場をつくるのですから、設備もこれまで以上のものにしたいと考えました。

そこで思い立ったのが、アメリカ視察でした。

そもそも、父がチョークの生産を始めたのは、アメリカから無害チョークを輸入したのがきっかけです。

わが社では、ドイツから輸入したパステル製造機を使い続けていましたが、第2工場建設を機に本場アメリカの機械を自分の目で見てきたいと考えたのです。

幸いなことに、東京青年会議所の活動を通じて知り合った日本女子大学社会福祉学科の小島蓉子先生にその話をしたところ、近々アメリカに行くので、見学できるチョーク工場を探しますとおっしゃってくださいました。

しばらくして、マンハッタンの工場が機械を見せてくれそうだという電話が入ったので、私は、よころび勇んで、まさに「飛んで」行きました。

ところが、実際に行ってみると、先方は「お断りだ」と言います。

私どもが民間企業ということで、警戒されてしまったようです。

そこで、日本に連絡をとり、外務省を通じて交渉してもらうことにしたのですが、交渉が成功するまではすることがありません。

しかたなく、マンハッタンのホテルで待機することになりました。

このときは、なんと融通のきかないことかとがっかりしましたが、実は、これが私に重要な出会いをもたらしてくれました。

ただブラブラしているのももったいないので、小島先生の紹介で、障がい者雇用で知られる「アビリティーズ社」を訪問したのです。

同社は、1952（昭和27）年に、ヘンリー・ビスカルディさんが3人の仲間と始めた会社です。驚くべきことに、彼自身、生まれつき脚のない身体障がい者でした。ほかの仲間も全員、身体障がいをもっていました。

4人あわせて脚は1本、手は3本というハンディキャップを背負いながらの起業でした。

そして、数多くの困難を乗り越えながら、

「保障よりも働くチャンスを」

と訴え、第2次世界大戦や朝鮮戦争で傷を負い障がい者となった人々を雇用していったのです。

私は彼らの勇気と行動力に感銘を受けました。

障がい者であっても「働く」ことに挑戦したことに感動するとともに、障がい者雇用という社会的成果をも生み出したことに深い敬意を抱きました。

その運営方法にも目を見張らされました。

民間企業でありながら、国からの補助が3分の1、民間からの寄付が3分の1、そして、残りの3分の1を事業収益でまかなっていたのです。

わが社は、100%事業収益でまかなっていましたので、そういうやり方もあるんだなあと、日米の違いにうならされました。

そして、あることに気づきました。

アビリティーズの社内には身体障がい者はたくさん働いていたのですが、知的障がい者らしい姿が見当たらなかったのです。

聞くと、「われわれは身体障がい者を対象とする会社。知的障がい者を雇用する民間企業というのは聞いたことがない」と言うではないですか。

そこで、私はあちこちで情報収集をしました。

すると、どうもアメリカには、知的障がい者を雇用している民間企業はないらしいことがわかったのです。

知的障がい者は、日本でいう授産施設のようなところで、内職的な仕事をするものだと考えられていたのです。

アビリティーズ社のような先進的企業を有するアメリカですら、知的障がい者雇用は行われていない。

ということは、日本理化学工業は世界の最先端をいく企業ということではないか。

私は発奮しました。

「よし、日本で、世界のモデルとなるような知的障がい者の工場をつくってやろう。それも、純然たる民間企業として成立させてやるんだ」

こんな夢を抱いたのです。

ちなみに、チョークの機械は結局、マンハッタンの工場では見せてもらえず、シカゴで見ることができました。

それはそれで勉強にはなったのですが、このアメリカの旅での最大の収穫は、思わぬところで得た大きな「夢」だったのです。

まったく、幸運はどこに転がっているかわからないものです。

「交通信号」のひらめき

帰国した私は、ますます知的障がい者だけで稼働する生産ラインを考えることに没頭するようになりました。

しかし、言うは易く、行うは難し。

そこにはいくつもの壁が立ちはだかりました。

ダストレスチョークづくりには、知的障がい者が1人でこなすには難しい工程がいくつもあったのです。

たとえば、材料の計量。

チョークを固めるために、原料の炭酸カルシウムにはつなぎの凝固剤を2種類混ぜていますが、その材料袋は同じ形状なので、印刷されている文字を読んで中身を判別しなければなりません。

重量も秤の目盛を合わせ、指示書にしたがって、材料ごとに正確に重さを量らなければなりません。

ところが、知的障がい者にはこれが難しい。

ほかにも、このような工程はいくつもありました。

どうすればいいのだろう——。

毎日毎日、そのことを考え続けました。

窮すれば通ず——。

彼らが一人で判断して行動するのはどんなときだろう思い、ふとひらめいたのが、交通信号でした。

工程改革の第1弾。重量を数字で把握しなくてすむように、材料が入っている容器の缶の色と、その材料を量るときのおもりを同じ色に。これで、知的障がい者も正確に重量を量ることができるようになった。

知的障がい者たちは、駅の改札を出てから会社の門をくぐるまで、まったく1人で、交通事故にあうこともなくたどり着きます。

そのためには、途中にいくつかある信号の識別がきちんとできていなくてはなりません。

ということは、文字や数字が理解できなくとも、信号の区別、つまり、色の識別はできているということです。

「そうか！」

私は思わず、膝をたたきました。

何か色を使った工夫ができるのではないか。

そこで、2種類の材料を、袋ごと赤と青に塗った大きな容器にそれぞれ入れました。

また種類ごとに、必要量のおもりを赤色と青色で、用意しました。

当時、仕事中すぐに飽きてしまい、落ち着きのない動きをする知的障がい者の社員がおりました。

その彼に、

「赤い缶に入った材料を量るときは、赤い色のおもりを秤にのせて、青い缶の材料を量るときは、青いおもりをのせなさい。そして、秤の針が上にも下にもつかずに真ん中を指し、指を折って5つ数えても針が止まっていたら粉をおろすように。秤のほかのところは、決して動かさないこと」

と教えました。

すると、彼は途中で飽きるどころか、一所懸命30数ロットを一気にやり終えたのです。

もちろん、ときどきそばに行って、指示どおりできているか確認し、「すごいね。教えたとおりにできているね」とほめていましたが、私は目からウロコが落ちる思いでした。

私は知的障がい者に「ふつうはこうやる」と健常者のやり方を教え込もうとしてい

たからうまくいかなかったのです。

しかし、その人の理解力の中で、安心して作業ができるようにしてあげれば、そして、どきどき見回ってほめてあげれば、より一所懸命やってくれる人たちだと知ったのです。


彼らが「できない」のではありません。

私たちの工夫が足りなかったのです。

これがすべてのヒントになりました。

同じ発想で全工程を仔細に検討すると、いくつもの改善点が見つかったのです。

たとえば、材料を練る時間を計るには、時計の針を読むかわりに砂時計を使えばいい。

ミキサーのスイッチを押したら砂時計をひっくり返し、砂が全部落ちたらスイッチを止めれば、確実に一定の時間を計ることができるからです。

数をかぞえるには、連続した数字を書いたカードを用意しておき、ひとつの作業ができるごとにそのカードをめくっていけばいい。

これによって、それまでなかなか理解してもらえなかった、「作業目標」という概念もすんなり受け入れてもらえるようになりました。

目標を設定したことで、彼らのモチベーションもアップしました。

「昨日は△△個できたね。今日は○○個を目標にがんばってみよう」と励まし、目標に到達していたら、「目標達成おめでとう。よくがんばったね」とほめる。するとᅳ明日はもっとがんばろうという意欲が湧きます。

その繰り返しで、おのずと生産性もあがっていきました。

学問の世界では、答えだけ合っていても点数はもらえないかもしれません。

でも、企業では、確実に同じ結果が導き出せれば、プロセスがどうであろうと関係ありません。

だとしたら、知的障がい者が立派に仕事をする方法は、いろいろ考えられるはずなのです。

ＪＩＳ規格をクリア

ただ、単にチョークができればいいというわけではありませんでした。

私たちは、もっと高い目標をもっていました。

日本工業規格（ＪＩＳ）に適合する精度の高いチョークを知的障がい者だけでつく

チョークづくりの工程

①材料を練り上げる

↓

②丸い口金で成形する

↓

③カッターでカットする

チョークを成形する口金をチェックする「検査棒」。左手にもっているのが口金部分。ここに検査棒を差し込んだときに、すっと通ったら穴が大きくなっているということ。そのタイミングで口金を交換する。

りたかったのです。

わが社のチョーク工場は、まだ父が経営していた１９５６（昭和31）年にＪＩＳ表示許可工場の認証を受けていました。

障がい者が主力になっても、ＪＩＳに適合する製品をつくる会社であり続けたい。それが、日本初のダストレスチョークをつくり出した父の後を継いだ私の使命だ。そう思いました。

それに、それだけ質の高いチョークをつくっているのだという誇りが、社員の「働く幸せ」に繋がるはずです。

そのためには、さらなる工夫と、徹底した工程管理が求められました。

ＪＩＳでは、原材料やチョークのサイズに規定があります。たとえば太さは、11・2ミリ±０・５の範囲でなければなりません。出荷する全製品がその範囲内であるためには、毎日の製造工程の中で、器具の管理や製品チェックをしっかり行う必要があります。

しかし、これは健常者にしかできない仕事でした。

石膏チョークであれば、それほど難しくはなかったかもしれません。

石膏チョークは、石膏を水に溶かし、型に流し込んで、乾燥させてから、ポンと型から抜けば製品になります。

工程がシンプルなので、それだけ製品の管理も容易です。

しかし、ダストレスチョークの工程はもっと複雑です。

原料の炭酸カルシウムは、それだけでは固まってくれませんので、凝固剤と水を加えて練り上げる必要があります。

そうして粘土状になったものを、中が空洞の丸い金具（口金）のついた成形の機械に通します。

すると、金具の直径と同じ太さの円柱がにょろにょろと出てきます。

それを一定の長さにカットし、乾燥炉に入れて乾かします。

このように、工程が石膏チョークより多くて複雑な分だけ、高度な生産管理が求められるのです。

まず重要なのが、チョークを成形する口金のチェックです。

1日10万本以上のチョークが口金を通って出てくるわけですから、当然摩耗します。

摩耗すると穴が大きくなり、JISの規格より太いチョークになってしまうので、口金の内径が広がっていないか、定期的にチェックしなくてはなりません。

そのためには、ノギスという道具を使って内径の寸法を正確に測定しなければならないのですが、数字の苦手な知的障がい者にはとても使いこなすことはできません。

そこで、こう考えました。

わが社ではＪＩＳ規格よりさらに厳しい社内規格を設けています。

その社内規格の最大寸法よりわずかに細い「検査棒」を用意して、毎朝や休憩時間後の仕事に取り掛かる前に、口金に検査棒を入れてみることを習慣にするのです。

「棒がすっと入ったら（穴が大きくなっているから）新しい口金と交換する」というルールにすれば、彼らはその通りにきっちりやってくれます。

数字は苦手でも、すっと入るかどうか、という感覚は何度か経験すれば身につくからです。

これで、口金の交換を適切に行うことができるようになりました。

もうひとつのポイントは、乾燥炉を通った後の検査。

いわば中間検査です。

ここでも、チョークの太さを再度確認する必要があります。

火加減やその日の湿度によって、微妙に太くなったり細くなったりすることがあるからです。

これも、ふつうはノギスを使って、チョークの直径を測り、ＪＩＳの基準と照らし合わせるのですが、うちの工場では、ノギスなしで判定できる器具を考案しました。

ＪＩＳ規格では、11・2ミリ±0・5の間に入っていれば合格品としています。

そこで、入り口が11・7ミリ、底が10・7ミリの幅の段差のある容器をつくり、入り口で入らなかったら、太すぎるのでアウト。

逆に容器の底に落ちてしまったら細すぎるのでこれもアウト。

つまり、上限と下限2種類の直径を通すだけで、障がい者であっても製品の合否判定ができるようにしたのです（この器具はその後さらに改良されました）。

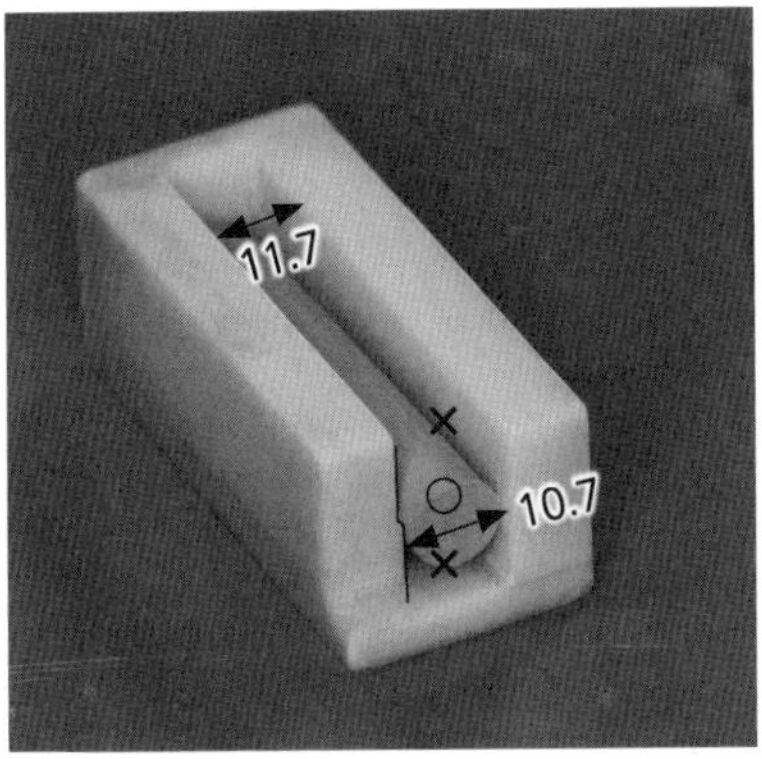

チョークの太さをチェックする器具の改良版。よく見ると、器具の内側に段差があるのがわかる。段差の上部の幅が 11.7 ミリで下部の幅が 10.7 ミリとなっているので、写真のように段差の部分でチョークが引っかかれば、JIS 規格に適合していることになる。

全社が一丸となって工程改革

こうしたアイデアは、私だけが考案したのではありません。

健常者の社員も一緒になって考え出してくれました。

ある日、1人の社員が先の開いた大きなフォークを持ってきました。

いったい、何に使うのか、私には、想

像もつきませんでした。

ところが、これが、実に画期的な工程の改善をもたらしたのです。

すでにご説明したように、わが社のチョークは、口金からにょろにょろと粘土状のものを押し出すことで、円柱の形をつくっています。

この「にょろにょろ」を60センチ程度に大雑把にちぎったものを板の上に並べて、カッターでチョークの長さに切り揃えます。

それから、乾燥炉に入れるのです。

ここで問題になるのは、「にょろにょろ」を大雑把にちぎったときにできる、潰れた部分をどう処理するかということです。

従来は、乾燥した後に手で一つひとつポキンと折っていました。

そして、もったいないので、折った部分は、もう一度粉状にすり潰して再利用していたのです。

フォークはこの工程を大幅に簡略化させました。

まず、60センチにちぎった「にょろにょろ」を3本ずつくっつけるように並べます。

そしてフォークの出番です。

フォークの歯は、その3本の「にょろにょろ」にちょうど突き刺さるように開いて

フォークの使い方

①「にょろにょろ」を人の手で約60センチにちぎる

↓

②約60センチの「にょろにょろ」を並べる

↓

③フォークで一気に「つぶれ」を取り除く

います。

だから、3本の潰れた部分を一気に突き刺して取り除くことができるのです。

これによって、一本一本ポキンと折る手間を、大幅に軽減することができました。

それだけではありません。

乾燥する前に潰れた部分を取り除くことができるので、以前のように粉に戻す手間も省くことができます。

フォークで取り去ったつぶれた部分を、原料を練り上げたところに放り込めばすむからです。

なんとも絶妙なアイデアでした。

こうして、わが社では、全社挙げて知恵をしぼることによって、ほぼ知的障がい者だけでJIS規格のダストレスチョークを製造することができる工程を組み上げることに成功したのです。

健常者に負けない

もうひとつ、忘れられないエピソードがあります。

実は、障がい者雇用を本格化させたころから、心ない言葉を投げかけられることが増えていました。

日本理化学工業で知的障がい者を多く雇用できているのは、「(障がい者でもできる)チョークだから」というのです。

裏返せば、「チョークしかできないだろう?」ということ。

これは、悔しかった。

ならば、チョーク以外でもできることを証明してやろうと思いました。

当時は私もまだ若かった。

われながら血気盛んだったように思います。

私は、東京青年会議所での活動をとおして親しくさせていただいていたパイオニア株式会社の松本誠也さん(3代目社長)に「何か仕事を発注してもらえませんか」とお願いしてみました。

音響メーカーとして日本が世界に誇るパイオニアさんの仕事をすることができたら、「うちの知的障がい者の社員は、チョークだけじゃない」ということを世間に示せるのではないかと思ったのです。

自信はありました。

というのは、その少し前から、Oリングという、自動車や油圧機、音響機器などのパッキングとして使われる部品の製造を行うようになっていたからです。

しかも、健常者でも12％の不良品を出すところを、わが社では8％以下の不良品率にとどめるという実績をつくっていました。

パイオニアさんの仕事もやり遂げることができるはずです。

松本さんは、「そういうことなら」と快く、ビデオカセットの組み立ての仕事をまわしてくれました。

カセットの中に5つの部品をセットする仕事でした。

聞くと、同じ仕事をとある大手メーカーにも発注しているといいます。

そして、そのメーカーの社員は、1人で1日約1000個組み立てるそうです。

よし、だったらそれが目標だ。

負けるなよ、ということで仕事にとりかかりました。

ところが、さすがに甘くありませんでした。

私どもでも最初、大手メーカーと同じように、ベルトコンベアに載ってくるカセットに、1人で5つの部品すべてをセットする工程を組んでいたのですが、せいぜい200〜300個くらいしかできなかったのです。

大手メーカーの3分の1から5分の1の効率です。

そこで、やり方を改めました。

5人で作業を手分けすることにしたのです。

ベルトコンベアに載ってやってくるカセットに、1人がひとつの部品をセットするのです。

1人が部品Aを、次の人が部品Bを……という具合に組み立てていくわけです。

その結果には正直驚きました。

なんと5人で1日5000個を組み立てることができたのです。

1人当たりに換算すれば、大手メーカーの健常者社員と同じ生産量です。

しかも、不良品率では我々のほうが勝っていました。

工程を単純化し、わかりやすくしたおかげで、知的障がい者たちは余計なことに気をまわす必要がなくなり、目の前のことに集中できるようになったのです。

彼らの理解力に合わせた仕事の方法を考えてあげれば、安心して持てる能力を発揮して、生産性も決して健常者に劣らない戦力になってくれるのです。

大切なのは、働く人に合わせた生産方法を考えることなのです。

職人文化があるからできた

こうして、私は試行錯誤を繰り返しながら、知的障がい者を主力として会社を経営していけるという確信を持つにいたりました。

初めて知的障がい者を雇用してから、ざっと15年ほどたっていました。

思えば、長い時間がかかったものです。

知的障がい者に導かれるように出会ったカバ園長やご住職の言葉などを通じて、私なりの経営理念が練り上げられていくにはこれだけの時間が必要だったのでしょう。

ただ、理念だけで会社を経営することができるわけではありません。

理念を「形」にする必要があります。

それが、障がい者の能力に合わせて健常者と同じ結果が出るようにする「工程改革」でした。

これがなければ、知的障がい者を主力とする会社をつくり上げることはできませんでした。

私は、企業だからこそ、このような工程改革ができたのだと思います。

働いているのが知的障がい者だからといって、「ほどほど」「ある程度」できればい

乾燥を終えたチョークを検品するときには神経を研ぎすませる。品質への妥協は一切ない。

いというわけにはいかないのです。

利益を出すのが絶対条件である企業だからこそ、全社員が必死で頭をひねって、さまざまな工夫をこらしてきたのです。

ハンガリー人のジャパンタイムズの記者に取材されたとき、

「欧米はマニュアル文化ですが、日本の中小企業は職人文化を持っている。だから、あなたの会社では障がい者一人ひとりにあわせた工程改革ができたんでしょうね」

と言われたことがあります。

たしかに、そうかもしれません。

職人の世界では、師匠が弟子にマニュアルではなく、手取り足取り教えます。

だから、各人の理解力や身体的な能力にあわせて、フレキシブルに段取りや道具を工夫することができます。

そして、職人文化をもっとも色濃く受け継いでいるのがものづくり企業です。

日本理化学工業にも職人文化があります。

だから、このような「工程改革」ができたのです。

第3章

幸せを感じてこそ成長する

神様が人間に授けた「共感脳」

以前、わが社にチョークのつくり方を調べるために見学に来た小学5年生の男の子が、私宛にお礼の手紙を送ってくれました。

その手紙には、次のように書かれていました。

天の神様は、どんな人にも役に立つ才能を与えてくださっているのですね。

ぼくには、あのチョークをまっすぐ板に並べていく仕事は、とても難しくてできそうにありません。

ぼくはもっと勉強して、ほかのことでまわりの人の役に立つ人になります。

見学をありがとうございました。

私は、この手紙に深い感銘を受けました。

この少年は、ベルトコンベアを流れるまだ柔らかいチョークを、知的障がい者の社員2名が交互にリズムよく取り、板の上に15本まっすぐきれいに並べていく様子を見たとき、彼らがひたむきに、そして上手に作業している姿(無言の説法)に感心し、そんな仕事ができる彼らのことを「才能を持っている」と表現してくれたのでしょう。

実はこの手紙との出会いが、その後の私に大きな影響を与えてくれました。

「神様が一人ひとりに与えてくださっている才能」とは、なんだろう。

私は深く考えるようになりました。

知的障がい者の社員たちは、彼らの理解力でできる仕事の段取りを考えてもらい、安心して仕事に取り組めるようになった。

その結果、仕事ができるようになり、うれしくなった。

ほめられると、もっとまわりの人によろこんでもらいたくて、さらにがんばってやるようになる。

そうやって毎日毎日一所懸命がんばっているうちに、まわりの人の役に立つことに幸せを感じるようになり、才能として開花するまでに成長したのだ――。

そう気づいたのです。

このことを確信させてくれたのが、東邦大学医学部名誉教授の有田秀穂先生の本に書かれていた〝人間はみな「共感脳」を持っている〟という考えです。

人間はひとりでは生きられない動物なので、群れの中で生き延びるために、まわりの人の役に立つことで幸せを感じる「共感脳」を持っているそうです。

私はまさに人間の究極の幸せの「人の役に立って必要とされる幸せ」がこの「共感脳」からきているのだと結びついたのです。

少しずつの変化を見逃さない

現在、わが社では、85人の社員が働いています。

そのうち、63人が知的障がい者で、さらにそのうちの26人を重度知的障がい者が占めています。

障がい者のほぼ全員が製造部門に所属。健常者の大半は総務・経理や営業を担当しており、製造部門に従事しているのは8人だけです。

まさに、わが社のものづくりの主役は知的障がい者なのです。

彼らを送り出してくれているのは、もう60年来おつきあいさせていただいている青鳥特別支援学校（旧・青鳥養護学校）をはじめとする近隣の支援学校。

在学中に実習生として実際に働くことを経験してもらったうえで、働き続けたいと希望する生徒さんの中から採用させていただいています。

ただ、どなたでも採用するというわけにはまいりません。

私どもでは、次の４つを採用の条件とさせていただいています。

❶食事や排泄を含め、自分のことは自分でできること
❷簡単でもいいから意思表示ができること
❸一所懸命に仕事をすること
❹まわりに迷惑をかけないこと

これは入社時の約束でもあります。

親御さんにも、この条件についてしっかりご説明して、ご協力いただくことを合意してもらっています。

しかし、実際には、会社に入ってしばらくの間は、この約束を守ることができないこともあります。

奇声を発したり、興奮して仕事どころではなくなってしまうことがあるのです。

そのように、まわりに迷惑をかけるようなことがあれば、就業時間中であっても、すぐに自宅や施設に帰ってもらうことにしています。

冷たいようですが、仲間と一緒に仕事をするうえではやむを得ないことなのです。

ただ、親御さんには、

「もしお子さんが反省して、4つの約束を守って働き続けたいと言ったら、すぐに連絡してください。私どもは連絡をお待ちしています。そして、その翌日から出勤していただきたいと考えています」

とお伝えしています。

そして、毎週のように行動障がいで問題を起こしていた社員が、2週間に1回、3週間に1回というふうに、少しずつでも変化していくようであれば、本人が成長したととらえるのです。

ですから、一度や二度、「約束」を破ったからといってあきらめるようなことはありません。

成長の速度は人それぞれです。

私たちは彼らの理解力に合わせて仕事を用意し、彼らの持つ「共感脳」を信じて、成長を待っているのです。

「役に立ちたい」という思い

もう30年以上も前のことです。

Kさんという知的障がい者が入社しました。

鎮静剤を服用しなければ通勤できないほど重度の行動障がいをもっていたのですが、それでも、働くことを強く望んでいたので採用に踏み切りました。

しかし、約束はすぐに破られました。

入社して間もないある日、ちょっとした気に入らないことがあり暴れだしたのです。

せっかくつくった製品を全部ひっくり返してしまうので、あわてた健常者の社員が私を呼びに来ました。

こんなときに、家に帰す判断をするのは私の役目なのです。

「まわりに迷惑をかけたら、すぐに帰ってもらう約束だったね。覚えているだろう？」

私はやむを得ず、彼に帰宅を促しました。

そして、Kさんが帰り仕度をしている間に、親御さんに「これから帰します」と電話を入れます。

冷静になったKさんが、肩を落としながら会社の門を出ていくのを見送りながら、
「反省したら、会社に戻ってくるんだよ」
と、声をかけましたが、振り向いてうなずくKさんのしょんぼりした表情を、今でも思いだすことができます。

待つこと数日――。

やっとお母さんから電話がありました。

「もうしないと言っていますので、どうぞ戻してやってください」

私は、「もちろんです。お待ちしていますよ」と答えました。

これが、Kさんの社会人生活の幕開けでした。

このとき、私は特に驚きませんでした。

というのは、入社して間もないうちは、まわりに迷惑をかけて家に帰されることは決して珍しいことではないからです。

ところが、Kさんの場合は、それがかなり頻繁でした。

繰り返し問題行動を起こすので、さすがにまわりの社員も「これでは、仕事になりません」と音を上げ始めました。

製品をひっくり返してしまうのですから、たまりません。

彼らの気持ちもよくわかります。

正直、これは困ったな……とも思いました。

しかし、何度家に帰されても、会社に戻ってくるKさんの「思い」を大事にしたかった。

私は、張り切って仕事をしているKさんの姿を知っています。

実にいい目をしているのです。

お母さんの「思い」も痛いほど伝わってきました。

「いつもいつもご迷惑をおかけして、本当に申しわけございません。息子が、もうしませんから、お母さん、社長さんに電話してと泣いて頼んでいます。なんとか、もう一度受け入れていただくわけにはまいりませんでしょうか?」

電話の向こう側で何度も頭を下げているお母さんの姿が、目に見えるようでした。

「そんな、やめてください。一緒にがんばっていきましょう。明日、楽しみにお待ちしています」

こんなやりとりを何度繰り返したことでしょうか。

しかし、目を凝らしていると、少しずつKさんが変化していることがわかります。

以前は、誰かが制止するまで暴れ続けていましたが、あるときから、暴れている途中に気づいて、自分の力で止めることができるようになりました。

そして、「また、やっちゃった……、あぁ、また帰らないといけない……」とつぶやくのです。

回数も徐々にではありましたが、減っていきました。

私は、彼の内面の葛藤を想像しました。

自分ではどうにもならない衝動と、働きたいという思い。

彼はその両者の間で必死に闘っていたはずです。

まわりの社員も、その変化に気づいていたらしく、実に辛抱強く待ってくれました。

こんな状態が、5~6年ほども続いたでしょうか。

Kさんはしだいに落ち着いて仕事に取り組めるようになっていきました。

ついには、鎮静剤も不要になりました。

「役に立ちたい」という思いが勝って、彼に「忍耐力」がついていったのでしょう。

自分の抱えているハンディキャップを乗り越えたのです。

私は、目を見張るような思いでした。

今も、Kさんは働き続けています。

あんなに暴れて、何十回も帰された人とは思えないくらい、表情はとてもなごやかです。

それどころか、新入社員のめんどうをとても親切にみてあげるほどに成長しました。

あんなに人にやさしくできるのは、自分が苦しみを潜り抜けてきたからではないかと思います。

まわりの社員との関係も良好です。

社員同士が、お互いに支えあい、親切にしあっている様子に、私はいつも頬を緩ませています。

「ボクがいないと会社が困る」

もう1人、Sさんをご紹介しましょう。

入社したばかりの障がい者に、よく会社を休む人がおりました。

Sさんもそうでした。

Sさんには、カセットテープの組立工程ラインの最後尾で、できあがった製品をダンボール箱につめる作業をしてもらっていたのですが、あまりにしょっちゅう休むので、まわりの社員も困り果てていました。

ある日、担当の健常者社員が一計を案じました。

休んだ翌日、Sさんが出勤してきたときのことです。

社員全員が配置につき、作業に取り掛かってからほどなく、あえてSさんにライン
から外れるよう指示したのです。

「どうして?」

Sさんは不安げな表情を浮かべながら、持ち場を離れました。

健常者社員はSさんのそばに寄り添いながら、

「見ていてごらん」

と言いました。

Sさんの持ち場は組立ラインの最後尾。

次々と製品がコンベアに載ってやってきます。

みるみる製品が積み上がって、しまいには音を立てて床に崩れ落ちてしまいます。

「あ!」

とSさんが拾いに行くのを引き止めて、健常者社員はこう言いました。

「君が会社に来てくれないと、こんなに困るんだよ」

Sさんは、しばらく呆然としながら製品が崩れ落ちる様子を見つめていました。

この一件で、Sさんは変わりました。

毎日、休まずに出社し、熱心に仕事に取り組むようになったのです。

ラインの最後尾で一所懸命に働く姿はどこか誇らしくもありました。

そんなある日のこと。

いつものように出社してきたSさんですが、なんとなく元気がありません。

心配した社員が額に手を当ててみたら、カッと熱い。

体温計で熱を計ると、軽く38℃を超えていました。

あわてて自宅に、「かなり熱があるので、これから帰します」と電話を入れました。

するとお母さんは、「やっぱりそうでしたか……」とおっしゃいます。

朝、起きたときから様子がおかしかったので、「今日はお休みしたら？」と声をかけたそうです。

しかし、

「僕が行かないと、ラインができなくなるから、がんばって行ってきます」

と言って聞かなかったといいます。

それで、我慢できる程度なのかなと思い、やむなく送り出したのだそうです。

お母さんは、「大変ご迷惑をおかけいたしました。これから迎えにまいります」と言って電話を切りました。

これを聞いて、胸にこみ上げるものがありました。

私の報告を聞いた健常者社員も同じことを感じたようでした。

私たちは休憩室でつらそうにしているSさんのところに飛んでいきました。

そして、

「がんばってくれてありがとう。でもね、ムリをしてはいけないよ。しっかり休んで、よくなったらまた一緒に働こう」

と声をかけました。

Sさんは、恥ずかしそうに微笑んでくれました。

迎えにこられたお母さんと一緒にSさんが帰った後、組立ラインにはいつも以上にやる気がみなぎっていました。

全員がSさんの思いに刺激されたのでしょう。

Sさんの一途な思いが、職場のモチベーションを上げてくれたのでした。

彼らの姿を思い起こすと、改めて、人の役に立つことでよろこびを感じる共感脳について考えさせられます。

Sさんは、「君が会社に来てくれないと、こんなに困るんだよ」と頼りにされたことで、「働く幸せ」を実感することができました。

この人の役に立てるというよろこびが、彼を変えていったのです。

人は幸せを感じるからこそ成長するのです。

また、「働く幸せ」を手放したくなかったからこそ、行動障がいをもっていたKさんは何度失敗しても「働く」ことへの挑戦をやめませんでした。

そして、時間はかかったけれども、発達障がいを克服することができたのです。

「働く幸せ」は、このように治療的な効果までももっているのです。

「親切心」を引き出す工夫

わが社では、さらに知的障がい者の成長を促す工夫もしています。

昇格システムです。

年に1回、評価の機会を設けて、条件を満たすと判断された社員を、「一般社員」→「6S委員」→「班長」と昇格させていくのです。

「6S」とは、整理（Seiri）・整頓（Seiton）・清掃（Seisou）・清潔（Seiketsu）・躾（Shitsuke）・安全（Safety）の総称です。

「6S活動」によって、職場がきれいになり労働環境がよくなり、在庫管理の精度があがるなどさまざまな効果が期待できます。

わが社では、この6S活動のお手本となる社員を6S委員として任命し、その中でも特に、自分の前後の2〜3の工程を行うことができて、困っている人がいればやさしく親切に後輩のめんどうをみてあげられる人を班長に指名しているのです。

現在、63人の知的障がい者のうち6S委員が20人、リーダー2人、班長が4人、副班長7人です。

評価のポイントは、「仕事の能力」と「リーダーシップ」の2つ（詳しくは左頁参照）。入社年次にかかわらず、この2つのポイントをクリアしている社員はどんどん昇格させるようにしています。

もちろん、それだけ会社に貢献してくれているのですから、給与にも加算して評価しています。

より重視しているのはリーダーシップです。

まず、自分のわがままをおさえられるようになること。

そして、常に仲間のことを気にかけて、何か困っている人がいれば親切にやさしく声をかけてあげられるようになること。

このような行動を高く評価しています。

「6S委員」の6つの条件

①「ほう・れん・そう」がきちんとできる人

②元気に挨拶ができ、ことばづかいがていねいにできる人

③人の話をきちんと聞けて、決められたことをよく守れる人

④自分から進んで行動ができ、まわりの人にも声をかけられる人

⑤掃除や整理・整頓がきれいにできる人

⑥髪や服装がいつもきれいな人

「班長」の6つの条件

①会社の規則や職員の人からの話、約束事をよく守れる人

②挨拶、ことばづかいが、ていねいにできる人

③誰とでも一緒に気持ちよく仕事ができる人

④「ほう・れん・そう」をわかりやすく職員に伝えられる人

⑤仕事をわかりやすく、上手に教えられる人

⑥自分の仕事以外のことでも、進んでできる人

これができなければ、リーダーシップを発揮することなどできないからです。

「班長さん」になることは、知的障がい者の社員全員の目標です。

みんな、班長をめざしてがんばってくれています。

もちろん、そこには「偉くなりたい」という思いもあるかもしれません。

しかし、もっと根源的な欲求があるように私には思えます。

彼らは、基本的にとても親切です。

誰かが困っていると、純粋に助けてあげようとします。

子どものころから親切にされることはあっても、親切にしてあげるチャンスがあまりなかったことも関係があるのかもしれません。

だからこそ、同僚が困っているときには進んで助けてあげて、相手から感謝されることを心からよろこんでいるのではないでしょうか。

班長制度を設けることによって、その親切心をより一層引き出すことができているように思います。

そして、知的障がい者が人として成長するとともに、職場の中に助け合う環境までも生み出されているのです。

しかも、経営上の利点もあります。

というのは、製造現場のリーダーとして班長ががんばってくれているので、健常者の責任者を数多く抱える必要がないからです。

川崎工場では35人の知的障がい者に対して、4人の健常者しか配置していません。班長は、新入りのめんどうもとてもよくみてくれますし、作業を教えるのも健常者より上手にできることもあります。

何か問題が起きても、たいていのことは報（告）・連（絡）・相（談）で解決してくれます。

ですから、よほどのことがないかぎり責任者は手を出す必要がないのです。

社員教育は特にしていない

「健常者の社員さんには、どのような教育をされているのですか？」

よく聞かれる質問です。

知的障がい者とともに働くには、特別な教育が必要だとお考えの方がさぞかし多いのでしょう。

しかし、実のところ、これといった教育は行っていません。

採用するときにも、特別な採用基準は設けていません。

今、勤務している健常者社員も、入社するまで障がい者と触れ合うことのなかった人ばかりです。

わが社が障がい者雇用をしていることは知ったうえで応募してきますが、障がい者と一緒に働きたいからわが社を選んだわけではありません。

むしろ、実際に会社に入ってから、「こんなにたくさんの障がい者が働いているとは思わなかった」と驚く人がほとんどなのです。

でも、それでいいのです。

実は、一度、特別支援学級で教えた経験のある人を採用したことがあります。

いわゆる〝プロ〟がいたほうが、知的障がい者とのコミュニケーションがよりよくなるのではないかと考えたのです。

しかし、結論としては失敗でした。

というのは、その方には大変申しわけないのですが、専門家ゆえに、「知的障がい者とはこうである」という〝思い込み〟があったからです。

当たり前のことですが、知的障がい者は一人ひとり理解力が違います。

大事なのは、一人ひとりの障がい者ときちんと向き合って、試行錯誤を繰り返しながら理解し合っていくことです。

なんらかの〝思い込み〟にもとづいてコミュニケーションをとろうとしても、相手には伝わりません。

結局、障がい者たちは、その方にうまくなじむことができなかったのです。

むしろ、〝思い込み〟のない、まっさらな方のほうがうまくいくのです。

ともに働くと自然に成長し始める

もちろん、入社したばかりのころは、うまくいかないこともたくさんあります。

たとえば、ある作業をしてもらおうと知的障がい者に指示しても、言うことを聞いてもらえないことがあります。

慣れないうちは、「どうして、こんなことも理解できないんだ」などと考えてしまいがちです。

ときには、ついカッとしてしまうことだってあります。

しかし、実際には、自分の都合や思い込みで〝指示〟してしまっているだけのことなのです。

だから、私はいつも健常者にこう語りかけています。

「うまくいかないことを相手の能力が足りないせいにはできないんだよ。彼らの理解力にあわせて、できるようにするのが君の仕事なんだ」

ふつうの会社では、上司の言うことには、部下は基本的に従うものとされているのかもしれません。

しかし、わが社ではその〝常識〟は通用しません。

知的障がい者たちは、たとえ上司の言うことであっても、理解できないことには従えないのです。

「上下関係」は通用しないと言ってもいいのかもしれません。

彼らは上司が自分のために仕事のやり方を教えてくれて、その仕事をできるようにしてくれたことがうれしくて、その気持ちに応えようとします。

その結果、その上司への感謝の気持ちから信頼関係が生まれ、生真面目にその仕事に取り組んでくれているように思います。

休みがちだったSさんのことを思いだしてください。

休まないようにしてほしいと思った健常者社員は、あえてSさんをラインから外して、製品が床に落ちるのを見せることにしました。

言葉で言うよりも、伝わるはずだと考えたからです。

そして、「ボクがいないと会社が困る」というメッセージを受け取ったSさんは、たとえ高熱を出していても出社しなければ、との思いを持つまでになったのです。

そこまでの成長を見せてくれた障がい者の行動は、健常者にとってはなによりのよろこびとなります。

そして、もっと彼らのためにがんばろうという気持ちが生まれてきます。それが、健常者にとっての「働き甲斐」にもなるのです。

健常者は、知的障がい者と向き合いながら仕事を続けることで、だんだんとこうしたことを体得していきます。

仕事がうまくいかないときや、障がい者が言うことを聞いてくれないときには、自分の態度や指示のしかたを見直すようになります。

健常者社員の1人ではどうしてもうまくいかないときは、上司に相談して、みんなで知恵をしぼって問題を解決できるようにしていきます。

だから、社員教育は不要なのです。

日本理化学工業が長年にわたって持続的に経営をしてこられたのは、実は、このような職場風土が自然と育まれてきたおかげでもあるのです。

背景の書は、書家・詩人の坂口赤道様に即興詩をご寄贈いただきました。

第4章

地域に支えられて

経営者としての「勝負どころ」

障がい者を主力とするための「工程改革」に目途がついたころ、私のもとに願ってもないチャンスが訪れました。

1973（昭和48）年、労働省が障がい者多数雇用モデル工場の融資制度をつくり、その第1号に日本理化学工業も加えていただけることになったのです。

この制度は、従業員の50％以上が障がい者であるなど、いくつかの条件を満たせば工場建設に低利で融資するというもの。

当時、わが社の社員48人中33人が知的障がい者であり、すでに70％近い雇用割合になっていました。

この制度を利用しない手はありませんでした。

これまで工夫を重ねてきた製造工程を、もっとも効果的に実現できるラインを新工場に整備することができるのです。

「世界のモデル工場」をつくる夢をかなえるチャンスでした。

それ以外の事情もありました。

当時、わが社の工場がある大田区雪谷のあたりでは、宅地開発が急速に進んでいました。

いつのまにか住宅地のど真ん中に工場が位置するようになってしまい、騒音などの問題もあって、いずれは移転しなければならない状況にあったのです。

ただ、低利とはいえ、あくまで融資です。

リスクもありましたが、ここが経営者としての「勝負どころ」と意気込みました。

しかし、すんなり実現とはいきませんでした。

まず、工場を建てるには、それなりの広さの土地が必要です。

ところが、私1人でいい条件の土地を探すのは困難でした。

そこで、東京都に相談することにしました。

わが社は父の代からずっと東京都大田区で事業をしてきたからです。

しかし、あっさりと支援を断られてしまいました。

「東京都では、大田区に福祉工場をつくる計画を進めている。大田区にそういう工場を2つも作れないから他をあたってほしい」と取りつく島もありません。

私は食い下がりました。

行政が直接、障がい者に職業訓練を行うことに意味はあるでしょう。

しかし、それだけでは限界があります。

全国各地に多数既存する民間企業に障がい者雇用が広がれば、それだけ多くの雇用の場が確保できるはずです。

そのような企業が増えるようにサポートするのが行政の本当の仕事ではないでしょうか——。

詳しくは第5章で述べますが、行政ではなく、企業が障がい者雇用をすすめることで、さまざまな好循環が生まれると私は確信しています。

今でも、この考えは変わっていません。

しかし、都の担当者は首を横に振るだけでした。

肩を落として都庁を後にしたことを、今でもはっきりと覚えています。

でも、気落ちしていてもしかたがありません。

気を取り直して、今度は、大田区とは川を隔ててお隣の川崎市を訪ねました。

すると、思いがけず、温かく迎え入れてくれました。

ありがたいことに、伊藤三郎市長（当時）じきじきに、

「大山さん、川崎市は障がい者施設の延長線上に雇用施設をつくるのではなく、みなさんのような企業に障がい者を雇用していただくのがいちばんよいと考えています。ぜひ、サポートしたい。土地はなんとしても探しますよ」

と声をかけてくださいました。

まさに、わが意を得たりという思いでした。

そして、市内に約４０００平方メートルの土地を安く貸していただけることになったのです。

捨てる神あれば、拾う神あり

こうして、土地の確保は目途がついたのですが、もうひとつ越えなければならない山がありました。

取り扱う金融機関の問題です。

労働省からの融資を受けるためには、金融機関の保証を得ることが条件となっていたのです。

総事業費2億円のうち、国からの融資は1億１８００万円（20年返済）。

小さなチョーク会社にとっては、気の遠くなるような金額でした。

しかし、ひるんでいる暇はありません。

私はさっそく、長年おつきあいさせていただいていた地元の信用金庫にお願いすることにしました。

ところが、当時はまさに第1次オイルショックのまっただ中。

非常にシビアでした。

支店長は渋い表情で、

「この不景気なときにそんなにお金を借りたら、返せなくなるのは目に見えてますよ。ご自分の会社の売上をよくご覧になるべきです」

と直言されたのです。

剣もほろろとは、まさにこのこと。

せっかくここまできたのに……。

ほかにつきあいのある金融機関のない私は途方に暮れました。

しかし、捨てる神あれば拾う神あり。

万事休すかと気落ちしているところへ、得意先開拓をしていた三菱銀行の営業マンがたまたまわが社を訪ねてきたのです。

私は、思いのたけを訴えました。

ダストレスチョークの特徴とその競争力。

障がい者雇用の経緯とそこにこめた私の思い。

今後の事業計画と返済計画。

工場を案内して、汗を流す従業員の姿も見ていただきました。

「わが社の将来を左右する一大事なんです。どうしてもチャレンジしたいんです。なんとかご支援いただけないでしょうか」

気づかないうちに、〝懇願調〟になっていたかもしれません。

彼は、私の話をじっと聞いてくれました。

そして、

「わかりました。早急に検討してお返事いたします」

と帰っていったのです。

祈る思いでした。

しかし、1人で考えていると、信用金庫の支店長に投げかけられた言葉が蘇ってきます。

心に影がさしました。

長年のつきあいがある信用金庫に断られたのです。

天下の三菱銀行が、私どものような会社を相手にしてくれるとも思えませんでした。

期待して落胆するのも怖かった。

そんな幾日かを過ごしました。

それだけに、

「支店長から了解が出ました。大山さん、ぜひやってください」

という連絡を受けたときには、思わず、

「本当ですか？」

と大声が出たほどうれしかった。

後で聞いたことですが、当初支店長はしぶったそうです。

しかし、担当者がねばってくれたのです。

たまたま飛び込んだ会社のために、よくぞそこまで……。

ともあれ、これでついに、モデル工場が現実のものになるのです。

そう思うと、武者震いがしました。

〝脱〟下請け

1975（昭和50）年9月に新工場は完成。

これを機に知的障がい者を新規採用し、雇用割合を約8割にまで高めました。

営業、事務などの業務を健常者が担い、製造部門は数人を除いてほぼ100％知的障がい者が担う体制です。

もちろん、生産ラインは、私たちが編み出した工程改革を最大限に活かせる形に組み上げました。

口にこそしませんでしたが、「世界一の知的障がい者の工場」として、胸を張っての船出となりました。

工場をオープンしたときの事業は、チョークの製造とパイオニアさんから請け負ったビデオカセットの仕事の2本立て。

好調な滑り出しでした。

特にビデオカセットは時流にも乗り、数年でチョークの売上を上回る勢い。

好調ぶりに頬を緩ませていました。

「チョークしかできない」という声に反発するように始めた仕事が、ここまで伸びるとは正直なところ思ってもみませんでした。

ところが、その順風も長くは続きませんでした。

1980年代に入って起きた「ビデオ戦争」のあおりを受けたのです。

ご記憶の方も多いと思いますが、当時、ビデオの規格にはVHSとベータの2種類があり、激しく主導権争いを繰り広げていました。

勝ったのはVHS。

パイオニアさんはベータ陣営に属していたのです。

わが社の売上も激減しました。

ビデオカセットだけで年間2億4000万円ほどあった売上が、一気に8000万円までダウン。

チョークの売上を合わせても、かなり大きな赤字を計上することになりました。

父が残してくれた土地資産を処分して、なんとか赤字を補填。急場をしのぎました。

しかし、その後もビデオカセットの生産が回復することはありませんでした。

チョークの生産量は着実に伸びていましたが、ビデオカセットに携わっていた社員全員を吸収できるほどの規模ではありません。

知的障がい者の雇用をいかに守るか――。

私は窮地に立たされていました。

このとき、救いの手を差し伸べてくれたのは、取引先の業者の方でした。

「いつもお世話になっているから」ということで、洋服用ハンガーをリサイクルする仕事を紹介してくれたのです。

これには、本当に救われました。

とはいえ、この仕事もいつまでも続きはしませんでした。

考えてみれば、Oリング、ビデオカセット、ハンガー・リサイクル事業は、あくまで他社の下請けとしてやってきた仕事。

発注主の状況しだいで、こちらの生産量は上がりもすれば下がりもします。

もともと、自分たちの努力だけではどうにもならない面があったのです。

もちろん、これまで助けていただいた発注主のみなさまには深く感謝しています。

しかし、より安定的に知的障がい者の雇用を守っていくためには、チョーク製造という「本業」をより一層強化する必要がある――。

私は、改めてそのことを胸に刻んだのでした。

ずっと胸に秘めていた、父が生み出したダストレスチョークを超える製品をつくりたいという思いも蘇ってきました。

父を超える製品をつくりたい

私は再び、チョークに真正面から向き合うようになりました。

しかし、近年のチョークをめぐるビジネス環境は決してよくはありません。

かつてのチョーク業界は、比較的安定した経営環境のもとにありました。

学校という手堅い市場が相手だったため、飛躍的に売上が伸びることもないかわりに、大きく売上が落ち込むようなこともなかったのです。

中でも、わが社のダストレスチョークは競争力がありました。

このチョークをつくる技術は簡単に真似することができません。

円高の進行で輸入品の攻勢が心配されましたが、アジアの国でダストレスチョークをつくる技術をもつ国はなかったのです。

ところが、年を追うごとに、少子化や自治体の統廃合を背景に、学校の数そのものが減ってしまいました。

さらに、パソコンやビデオなど教育資材が多様化したこともあって、チョークの需要は下り坂にあります。

最大のライバルは「ホワイトボード」です。

ホワイトボードの出現によって、オフィスにおけるチョーク需要は壊滅的な状況になり、学校の教室でもホワイトボードを見かけるようになりました。

ダストレスチョークも決して安泰ではありません。

国内企業が開発した類似商品が市場に出回り始めているのです。

ざっと、このような悪条件の中、どうやって活路を見い出していくか——。

私は〝ライバル〟との比較をすることで突破口を探しました。

なぜ、黒板はホワイトボードに取って代わられようとしているのでしょうか？

その最大の要因は「粉」です。

書いたり消したりしたときに粉の出るチョークと比べて、ホワイトボード用のマーカーは粉の出が少ない。

手が汚れることもないというメリットがあるわけです。

しかし、デメリットもあります。

まず、マーカーの筆感は物足りないものがあります。

しかも、ハネやトメといった局所的に筆圧のかかる日本語を書くことにも向いていません。

独特の臭いが気になる人もいるでしょう。

不便なこともあります。

キャップを十分に締めなかったために、インクが乾いて書けなくなることもありますし、インク残量がわからないので、書こうとしたらインクが出ないという経験をした方もいらっしゃるはずです。

さらにマーカーの溶剤は、揮発性の化学物質を含んでいて、顔料と呼ばれる色素は溶剤が飛んだ後にホワイトボードにカスになって残ります。

『健康に住まう知恵』（晶文社刊）で入江建久氏が「見えない汚れ（黒い粉）こそおそろしいのです」と書いています。

こう考えてくると、チョークの利点が浮かび上がってきます。

チョークには心地よい書き味があり、臭いもありません。

キャップも必要なければ、インク切れを気にすることもありません。

形ある限り使えるのです。

しかも、実は、黒板のほうがホワイトボードよりずっと目にやさしいのです。

ホワイトボードは、もともとは白色ではなかったことをごぞんじでしょうか？　最初に商品化されたときは、黒板と同じダークグリーンのボードだったのです。

ところが、そこにマーカーで書いても色がはっきりと出ない。

そこで、やむをえず、白いボードを採用したのです。

やはり、目にやさしいのはダークグリーンに白で書く黒板なのです。

つまり、チョークの特徴はそのままに、「粉」がまったく出ない製品をつくることができれば、一気にチョークが復権する可能性があるということです。

しかも、黒板だけではなく、ホワイトボードにも使えるチョークを開発すれば、すでに世の中に広まっているホワイトボードでも使っていただけます。

私は、「これだ！」と確信しました。

父が開発したダストレスチョークは「粉が飛び散りにくい」のが売りでした。

もし、私が「粉がまったく出ない」チョークを開発することができれば、父を超えることができます。

いつしか、そのようなチョークを開発するのが、私の悲願となっていました。

ついに、粉のまったく出ない製品を開発

しかし、わが社の開発部門には1人の社員しかいません。

十数年、彼とともに知恵を絞る毎日でしたが、なかなかうまくいきませんでした。

暗中模索を繰り返していたところに、手を差し伸べてくれたのは、モデル工場の設置以来、わが社の最大の理解者で応援者となっていた川崎市でした。

産学連携の助成金制度があるので、それを利用して商品開発をしてはどうかと勧めてくださったのです。

しかも、「障がい者をたくさん雇用している会社ならば、ぜひ協力したい」と、早稲田大学が名乗りをあげてくれました。

専門家の協力を得られたことで、一気に開発が進みました。

そして、2005(平成17)年、ついに新商品「キットパス」を完成。長年の悲願を形にすることができたのです。

ちなみに、この商品名は、父が戦時中、軍の作戦用に販売していたチョーク名であり、今度はもう戦争をしない平和な世の中で、夢をかなえる(きっとパスさせる)チョークにしようという願いを込めて復活させたのです。

これは余談になりますが、古文具コレクターのたいみちさんが、戦時中に製造していた初代「キットパス」をきれいなまま保管されていることを、あるご縁を通じて知りました。

たいみちさんは、迷子だった子のお家が見つかったとよろこび、日本理化学工業に寄贈してくださいました。

これは私も見たことがなかったものなので、終戦から70年経って対面できるとは、大変感激しました。

今ではわが社の宝物のひとつになっています。

新しいキットパスは、われながら画期的な商品でした。

まず、まったく粉が出ません。

口紅に使われているパラフィンを原料としているため、小さなお子さんにも安心して使っていただけます。

そして、ホワイトボードはもちろん、ビニールやガラス、鏡など、浸透しない素材で滑らかな表面をもつものであれば、何にでも書いて濡れた布で消すことができます。

製法は、チョークというよりも口紅に近いもので、ダストレスチョークとは異なります。

わが社はまったく新しい、ほかの追随を許さない技術を編み出したのです。

「キットパス」と「子ども」

おかげさまで、キットパスはご好評をいただいています。

学校はもちろん、企業や病院などのお客さまも増えてきました。

さらに、工事現場をはじめ、私どもが思いもよらなかったところでもご利用いただいています。

最初に考えたのは「幼児用教材」としての可能性です。

この活用法を思いついたのは、ひょんなきっかけからでした。

キットパスを発売してまもないころのこと。

わが社では、川崎市内のメーカーが参加する「新製品展示会」に出展しました。

たまたま、私どものブースは、会場の入り口近くだったため、すぐそばにガラス製のパーテーションがありました。

そこに、お母さんが小さな女の子を連れてやってきました。

女の子がキットパスに目をとめ、駆け寄ってきました。

そして、にっこり笑って「触ってもいい？」と聞きます。

私は、「ここに書いてごらん」とパーテーションのところに連れていきました。

するとどうでしょう。

女の子はガラスに何やら描き出したかと思うと、すっかり夢中になってしまったのです。

グルグルと丸を描いたかと思うと、めちゃくちゃに塗りつぶしたり……。

目を輝かせながら、ガラスいっぱい思うままにキットパスを走らせます。

お母さんがいくら「ほら、もう行くわよ」とうながしても、ガラスにへばりついて動こうとしません。

お母さんはすっかり困り顔でした。

しかし、そのそばで私はすごい発見をしたように心をときめかせていました。

子どもには、こんなにも「描きたい」という衝動があるのか。

もしかしたら、キットパスは、新しいおもちゃ、あるいは「幼児用教材」としての可能性があるんじゃないか——。

心がわくわくしてくるのを感じました。

そして、頭の中に、こんなイメージがわき上がりました。

マンションの一室。

窓に向かい、キットパスで夢中になって描いている子どもがいます。

そばにお母さんが寄り添って、「上手ね」「これはお山かしら」と話しかけてあげる。

子どもは、うれしそうに「ママも描いてみて」とキットパスを差し出す。

そんなシーンです。

現在は、昔のように安心して外で子どもを遊ばせることができる環境が失われています。

それに、多くのお母さんたちは、子どもを外に連れ出して遊ばせる時間もないほど忙しい毎日を送っています。

せめて、家の中で、外の景色を眺めながらお絵かきができれば、子どもたちもどんなに楽しいことでしょうか？

そして、お母さんとコミュニケーションを交わすことができれば、情操教育にもなるに違いありません。

私は、「これはいける」と直感しました。

新たな可能性

このアイデアに胸を高鳴らせていた私にとって、大変ありがたいめぐり合わせがありました。

「しいのみ学園」という日本で初めての知的障がい児教育施設を創設された、昇地（しょうち）三郎先生という方がいらっしゃいます。

私が昇地先生を知ったのは、あるときＮＨＫの番組で昇地先生の取り組みが紹介されていたからです。

昇地先生はその番組の中で、次のようにおっしゃいました。

「３歳までの知的障がいを持った入園児のうち、約15％が（健常児の）保育園・幼稚園に転出したのに、４歳以上になって入園した児童ではそれが見られなかったのです」

つまり、3歳までの養育のしかたによっては、障がいの程度が改善される可能性があるということです。

そして、「このことは健常児においても、『子育ては3歳までが勝負』という教訓を示唆する」と、舁地先生は『ヒトの教育』（井口潔編著、小学館刊）という本に書かれています。

つまり、障がいのあるなしにかかわらず、3歳までにいかに「感じる心」を呼びさますような経験をさせてあげられるかが、その子の成長を大きく左右するということなのです。

私は、「展示会」の女の子を思い浮かべました。

まるで、自分の中で感じたことを、そのまま描き出そうとするようなその姿――。キットパスは、子どもの「感じる心」を呼びさますことができるに違いないと思いました。

しかも、知的障がい児の発達にもいい影響を与えることができるかもしれない。

これは、やりがいのある仕事だと思いました。

そしてその後、なんとも不思議なご縁がありました。

舁地先生の知己であり、『ヒトの教育』の編著者でもある井口潔先生が、ある方の紹介で日本理化学工業を訪ねてくださったのです。

そのとき井口先生からうかがった話によれば、人間が美しいものを見、きれいな音を聴き、やさしいものにふれて「感じる心」「応える心」を呼びさます基礎回路は、3歳ごろに大人の8割ほどに達しているそうです。

ですから、この時期までに絶対的な愛情をかたむけることによって、可能なかぎり、子どもが生来もっている「感じる心の基本」を呼びさますことが重要なのだとおっしゃっています。

そして井口先生に「キットパスでガラスに絵を描いたりすることで、子どもたちの感性を育むことはできるでしょうか」と尋ねたところ、井口先生から「キットパスは、窓ガラスに描いて遊べるので、外の景色を見ながら、つまり五感を同時に刺激しながら遊べるので、子どもの感性の発達に役立つ」というお墨つきをいただきました。

キットパスが障がい児を含むすべての子どもたちの発達に役立つことができる――。

これは私にとって大変よろこばしいことでした。

私たちは早速、子ども向け商品の開発に取りかかりました。

そして、「キットパスきっず12色」を発売。

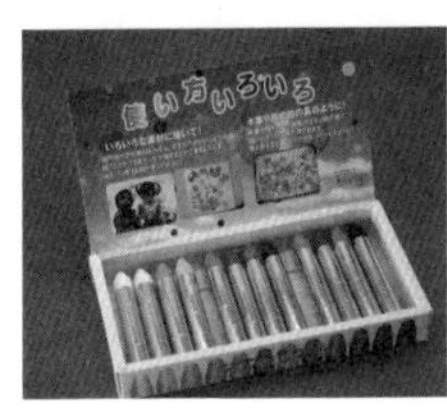

「キットパスきっず 12 色」で遊ぶ子どもたち。窓ガラスなどに自由に絵を描いて、湿った布で簡単に消すことができる。お父さんの晩酌のビールグラスにこんなメッセージがあったらうれしいのでは？ 「キットパスきっず 12 色」は第 18 回日本文具大賞機能部門グランプリを受賞。

これは、子どもにも使いやすいように、キットパスをクレヨンのような形に成型したもの。

学校やオフィスなど、従来の販路とはまったく異なる商品を売り出したのです。

「キットパスきっず12色」は、２００９年（平成21）年、第18回日本文具大賞において、機能部門グランプリを受賞しました。

お客様からのうれしい手紙もいただいています。

「小さな子たちの誕生会などパーティをするときに、招いた子どもたちがパーティそっちのけで窓にお絵描きをしています。そんな楽しい光景がキットパスで生まれました」

子育て文化への貢献――。

キットパスによって、わが社は新しい可能性を切り拓くことができたのです。

子どもの窓ガラスへのらくがきは、五感を同時に刺激することになり、感性のひとつである共感脳を活性化させるためにも役立つのです。

たとえば、「キットパス」で窓ガラス越しに好きな絵を描くことで、「風で木の葉が揺れている」「小鳥のさえずりが聞こえる」「天気がいいから陽の光がたくさん差し込んでいる」といったことを感じることができます。

友だちと一緒に描けば、人とのつながりも生まれます。

わが社の商品が「共感脳」を伸ばすことに一役買っていると考えれば、非常に運命的なものを感じます。

神様が「キットパスで子どもの感性（共感脳）を育てなさい」とおっしゃっているような気さえするのです。

時流に乗った「ホタテ貝殻チョーク」

新たな挑戦は、キットパスだけではありません。

ダストレスチョークの製法も一新しました。

もともと原料は国内の山から採取された炭酸カルシウムを使っていたのですが、2005（平成17）年に同じ材質であるホタテ貝殻を活用する製法を北海道美唄工場が生み出したのです。

その背景には地域が抱えている事情があったのです。

当時、北海道のホタテ貝は年間45万トンを超え、長年日本一の漁獲量を続けていました。

しかし、その一方で大量の貝殻が漁業系廃棄物として捨てられていました。

北海道はその活用にとても困っていて、社会問題にまでなっていたのです。

北海道立工業試験場ではさまざまな検討が重ねられていましたが、貝殻はチョークの成分と同じ、無害な炭酸カルシウムでできているということでした。

そこで、美唄工場に「チョークに使えないだろうか」と相談が持ちかけられたのです。

私どもも、ホタテの貝殻が炭酸カルシウムでできていることは以前から知っていました。

ただ、海で育つときにつく付着物の処理が難しく、実用化を躊躇していました。

しかし、北海道立工業試験場の協力が得られれば、新技術を確立できるかもしれません。

私は、申し出を受け入れることを決断しました。

研究の過程で、ホタテ貝殻を利用するメリットがわかってきました。

ホタテの貝殻は特殊な結晶構造をもっているために、チョークの白色度を高めるとともに、ソフトでなめらかな書き味を出すことができるのです。

しかし、これを製品化するまでの道のりは、決して平坦ではありませんでした。

難しかったのは、ホタテ貝殻の混合率をどうするかという問題でした。

ホタテ貝殻を多く混ぜすぎるとチョークがもろくなり、少なすぎればそのメリットを活かすことができないというジレンマがあったのです。

最適な配合率を求めて試行錯誤が続きました。

ホタテ貝殻の粒子の大きさや混ぜ方などを何十パターンも組み合わせ、何度も何度も実験を繰り返しました。

たどり着いた配合率は10％。

この比率で混ぜ合わせることによって、従来のダストレスチョークよりも強度が高まるうえに、ホタテ貝殻のよさを引き出すことができることがわかったのです。

ただ、コストの問題がありました。

ホタテ貝殻を微粉末にするための処理コストが、従来に比べて5倍近くも高かったのです。

しかし、「値上げ」は難しい状況でした。

教育予算が逼迫する中、学校に新たな費用負担をお願いするわけにはいかなかったからです。

そこで、値段はそのままに、ホタテ貝殻入りチョークの販売を開始。

わが社で生産するダストレスチョークのすべてをこの製法に切り換えました。

偶然に、キットパスと同じ2005（平成17）年のことでした。

コスト増で値段据え置き――。

利益を確保するためには、販売量を増やして、コスト増を吸収するしかありません。

私たちはリスクをとった形でしたが、ありがたい応援もありました。

ホタテ貝殻入りチョークは廃棄物減量化に貢献することから、「北海道認定リサイクル製品」の認定を受けるとともに、グリーン購入法に適合する商品として認められたのです。

学校現場でも好評で、書き味や強度が向上したことがよろこばれたのはもちろんのこと、チョークが短くなったら花壇などの土壌改良剤としても使えるので、環境教育にも役立つということでした。

時代はまさに「エコ」。

ホタテ貝殻入りチョークは、図らずも時流に乗り、売上を好調に伸ばしています。

国内のチョーク市場のトップシェアの商品として、年間7000万本以上を生産するにいたっています。

会社は地域に支えられてこそ

「キットパス」と「ホタテ貝殻入りチョーク」の開発は、わが社に栄誉ももたらしてくれました。

2008(平成20)年、「明日の日本を支える元気なモノ作り中小企業300社」のうちの1社として、経済産業省から感謝状をいただいたのです。

この感謝状は、「地域経済を支えながら、内外の市場で活躍する企業」「意匠やデザインにより新規分野を開拓している」と認められた中小企業に贈られるもの。全国の地方自治体が地元の企業から選抜した6000事業所の中から選んでいただけたのです。

経済産業省からの感謝状であることもうれしいことでした。

というのは、これまでも表彰状などをいただくことはあったのですが、厚生労働省や障がい者支援団体などからのものがほとんどだったからです。

もちろん、知的障がい者を雇用していることをほめていただくのはうれしい限りなのですが、わが社のものづくりをもっと評価してほしいという思いもありました。

現場でものづくりに取り組んでいる社員にとっても大いに励みになったはずです。

忘れてはいけないのは、川崎市が推薦してくれなければ、いくら希望してもこの感謝状を頂戴できなかったということです。

思えば、「キットパス」も「ホタテ貝殻入りチョーク」も地域の支えがあったからこそ実現できたものです。

最近、あるコンサルタントの方からこんな言葉を聞きました。

「生き残るのは地域に貢献する企業です。地域に支えられてこそ、企業経営を永続させることができるのです」

私は、深くうなずきました。

そして、これまで地域に支えられてきたのは、「ビジネス」と「思い」を両立させてきたからこそではないかと思いました。

ビジネスを度外視すれば、経営は成り立ちません。

しかし、「思い」がなければ地域に応援されることもなかったでしょう。

そして、「思い」と「ビジネス」は絶妙に絡み合っていくものです。

たとえば、美唄工場。

この工場は、市長をはじめとするみなさまの「思い」に応えたいと思って建設しました。

それから30年もたってから、ホタテ貝殻入りチョークのビジネス・チャンスにめぐり合いました。

川崎市もそうです。

モデル工場設置のときに、私どもの「思い」をご支援いただいて以来、今日にいたるまでサポートしていただいてきました。

そして、川崎市からの応援のおかげで「キットパス」ができたのです。

目先のことのみにとらわれるのではなく、「思い」を大事にしながら地道に努力すれば必ず報われるときがくる——。

50年間にわたる経営者としての経験を踏まえて、私はそう断言することができます。

そして、私の「働く幸せ」を大事にしたいという「思い」は、知的障がい者の無言の説法に導かれてのさまざまな出会いと気づきによるものです。

改めて、心をこめて、彼らと支えてくださったみなさまに感謝の気持ちを伝えたいと思います。

KAIDO!project「キットパスの皆画展」森の酵母 パン・オ・スリールにて（2017年7月4日〜8月12日）
これまでにキットパスにご縁のある作家さん（日本理化学工業の社員2名を含む）のキットパス作品110点展示、ワークショップ、トークイベントを開催。
障がいの有無を超えたたくさんの交流が生まれ、アートで皆働社会を実現できました。

2015年12月12日 川崎市産業振興会館で開催した『リアルキットパス通信』イベント
キットパスアートインストラクター制度発足から約2年の第1回目の交流イベントに参加くださった皆さんです。

第5章

「働く幸せ」を叶えるために

～五方一両得の重度障がい者が社会で働ける制度の提言

障がい者雇用の現実

障害者雇用促進法ができたのは1960（昭和35）年のことです。

偶然にも、わが社が初めて2人の知的障がい者の少女を雇用したのと同じ年でした。

当時は身体障がい者のみが対象でしたが、1987（昭和62）年に知的障がい者が、2006（平成18）年に精神障がい者も含まれるようになるなど、制度そのものは約50年をかけて徐々に発展してきました。

しかし、肝心の障がい者雇用はなかなか広がっていかないのが現状です。

この法律では、障がい者を雇用することを事業主の義務であると規定。

現在、民間企業（従業員50人以上）の法定雇用率は2％とされています。

つまり、100人の従業員を雇っていれば、2人の障がい者を雇用する義務があるということです。

この数字は、障がい者雇用割合70％以上の会社を経営している私からすればとても低いものに感じられます。

しかし、法定雇用率を達成している企業の割合は47・2％にすぎず、障がい者の雇用率も1・88％にとどまっているのが現状なのです（2015年6月1日現在）。

働きたくても、働く場のない障がい者がたくさんいらっしゃいます。

どうすれば、もっと障がい者雇用を広げることができるのか——。

私は、ずっと考えてきました。

障害者雇用促進法では、法定雇用率を達成できない企業には「納付金」という、いわば罰則金を支払うことが義務づけられています。

にもかかわらず、法定雇用率を達成している企業がこれだけ少ないのはなぜでしょうか？

それだけ多くの方々が、障がい者を雇用するよりも、罰則金を支払うほうが、経営上のデメリットが少ないと判断しているということにほかなりません。

ただ、私は、障がい者雇用が進まない原因を、企業にだけ求めていても問題は解決しないと考えています。

長年、障がい者雇用に取り組んできた中で、もっと大きな枠組みから改めていく必要があることを痛感しているのです。

社会で働くことの大切さ

まず、福祉のあり方です。

日本では、障がい者の幸せのすべてを福祉施設の中で完結させようとします。そのため、施設の中に作業場をつくって、そこで障がい者に働く場を提供しようとします。

しかし、これが本当に障がい者にとって幸せなことなのでしょうか？

実際、世界には、まったく異なる考え方をする地域もあるのです。

もう、30年余りも前のことです。

イギリス南東部のクロイドンというまちのデイケアセンターを訪問したことがあります。

「デイケア」というくらいですから、日中に障がい者を預り、お世話をする場所のはずです。

しかし、陽が高いうちに行ったのに誰もいません。

おかしいな……。

そう思っていると、1人だけ施設の先生らしい人がいらっしゃいました。

「今日はお休みなんですか？」とたずねると、にっこり笑って、

「いいえ、今、障がい者たちは地域の企業で仕事の指導をしてもらっています。私は留守番をしているんですよ」

とおっしゃいました。

私はびっくりしました。

日本の福祉では考えられないことだったからです。

「日本では、福祉施設の中に作業場をつくって、そこで先生方が仕事の指導をしています」

そう説明すると、今度は彼女がびっくりしてこう言いました。

「私たちは生活のケアのプロですが、仕事（技術）を教えることについてはアマチュアです。仕事については、専門家である企業にお任せしたほうがいいに決まっているじゃないですか」

賃金も施設が出すのではなく、出来高によって企業から報酬を受け取るといいます。

そのほうが障がい者の張り合いにもなるし、能力も向上するからです。

非常に理にかなった考え方ではないでしょうか？

もちろん、日本の福祉の現場で、障がい者の「働く場」をつくるために一所懸命に取り組んでいらっしゃることは重々承知しています。

しかし、ビジネスに関しては素人の先生方がどんなにがんばっても限界があるのも事実です。

賃金についてもそうで、福祉作業所などで報酬として支払われる工賃は月平均1万2千円〜1万3千円（平成21年度全国平均）。

これでは自立した生活はできません。

しかも、働いている障がい者たちの「目の輝き」が違います。

わが社で働く知的障がい者の目は輝いています。

一般社会で働くことによってこそ、人の役に立っているという実感、すなわち「働く幸せ」を得ることができるように思うのです。

福祉が障がい者の生活を丸ごと抱え込むのではなく、「働く場」については企業に任せてもらったほうがいい――。

クロイドンの経験から、私はそう確信するようになりました。

重度知的障がい者雇用の難しさ

とはいえ、企業が障がい者の「働く場」をつくるのは簡単ではありません。

障がい者雇用に熱心な一部の企業が、苦労を強いられている現実もあったのです。

ここに、その一端を示す調査結果があります。

調査を行ったのは、私もかかわっていた重度障害者多数雇用事業所協議会という団体です。

その名のとおり、心身に重度の障がいをもつ人をたくさん雇用している事業所が集まって、1981(昭和56)年に設立した組織です。

この団体が、設立の翌年に行った調査によると、協議会会員116社が雇用している従業員5777人のうち障がい者は2856人(49%)。

そのうち知的障がい者の占める割合は47%(1341人)にものぼっています。

当時はまだ、障害者雇用促進法の対象に知的障がい者は含まれていません。

ですから、法定雇用率にもカウントされませんし、行政からのサポートを受けることもほとんどありませんでした。

にもかかわらず、会員事業所の多く(そのほとんどが中小企業)が重度の知的障がい者を雇用していたのです。

わが社もそうですが、重度知的障がい者に最低賃金以上の給与を支払い続けるのは、決してたやすいことではありません。

最低賃金の支払いを免除される「適用除外」を申請するのも肩身が狭いものです。

ときには、「あそこは、障がい者を安い賃金で働かせている」といった後ろ指を指されることすらありました。

このような状況のままでは、多くの企業が障がい者雇用に二の足を踏むのもやむをえないのではないでしょうか？

企業の負担をもう少し軽くするアイデアはないものか――。

これが、長い間、私の課題となりました。

渋沢栄一賞からの気づき

大きなヒントにめぐり合ったのは２００９（平成21）年のことでした。

私は晴れやかな気持ちで、埼玉県のＪＲ浦和駅に降り立ちました。

向かう先は埼玉県知事公館。

第７回渋沢栄一賞の授賞式に出席するためでした。

この賞は、「日本資本主義の父」と呼ばれる埼玉県出身の偉人、渋沢栄一氏の精神を受け継ぐ経営者などに贈られるもの。

おかげさまで、粉が飛び散らないチョークが全国の小中学校で使われるなど国内シェアトップの30パーセントを占めていること、昭和35年から障がい者の雇用を開始し、昭和50年には国の心身障害者多数雇用モデル工場第1号を開設、その時点で、障がい者雇用割合75パーセントなど、長年、障がい者の雇用に貢献しているという理由でこの栄えある賞を頂戴することができたのです。

ごぞんじのとおり、渋沢栄一氏は近代日本の産業経済の礎を築いた大人物です。明治政府の大蔵官僚から財界に転身。

第一国立銀行の頭取に就任したほか、500を超える企業を立ち上げました。

しかも、実業家でありながら、私利私欲にとらわれず、常に社会全体のことを考え続けました。

生涯をとおして、「営利の追求も、資本の蓄積も、道義に合致し、仁愛の情にもとづくものでなければならない」とする「道徳経済合一」の姿勢を貫き、第一国立銀行を拠点に、企業の創設・育成に力を注ぐかたわら、福祉や教育など社会事業にも尽力されました。

このような方の精神を受け継ぐ者と認めていただけたことは、もったいないほど名誉なことでした。

しかしながら、受賞のうれしさ半面、一緒に表彰された2社は、教育や医療の分野に2億円、3億円と寄付をされているのに対し、そのような寄付を日本理化学工業はまったくしておりません。

それなのに、なぜ賞をいただけたのでしょう?

受賞理由をおたずねしたところ、

「日本では、一般企業で働けないからと、福祉施設で20～60歳までケアすると、総費用を定員で割って、40年間で、1人2億円以上かかるところ、貴社は50年の重度障がい者雇用の中で、すでに60歳を過ぎるまで勤めた方を5人も卒業させています。それは10億円の国の財政を削減した大きな貢献に相当するからです」

と言われたので、びっくりしました。

障がい者を雇用することが国の財政削減にも役に立っているというのです。

知的障がい者に出会ってちょうど50年。彼らの無言の説法に導かれ、さまざまなご縁や応援に助けられながら、日本理化学工業を経営してきましたが、この渋沢栄一賞までいただけた理由と意味を深く考えているうちに、これまで長いこと考え続けてきた、重度の知的障がい者が社会で役に立って「働く幸せ」が得られる〝五方一両得の「皆働(かいどう)社会」の実現の方策〟を考えつくことができました。

そして、それをわが社の使命にしようとの思いにも至りました。

これは、〝中小企業にとってのもう一つの活路〟にもなると確信した本当に大きな贈りものでした。

「五方一両得」のしくみとは

渋沢栄一賞受賞で得られた「皆働社会」実現につながる「五方一両得」のしくみとは、以下になります。

まず、日本で、一般社会で働けないとされる重度の障がい者を20歳から60歳まで福祉施設でケアした場合、1人当たり約2億円の社会保障費がかかると言われています。単純に計算すると、1人当たり年間500万円の負担です。

たとえば、最低賃金分を国が企業に代わって支払う制度をつくれば、最低賃金780円（2015年の全国平均）とした場合、国の支出は1人当たり年間およそ150万円ですむことになります。

もしこのような制度ができたら、国は、約350万円財政を節約できることになります。

障がい者の理解力に合わせて仕事をさせる職人文化を持った中小企業は、障害者に役に立ってもらうことで経営を強化でき、しかも大きな社会貢献ができます。

国が最低賃金を負担してくれるなら中小企業は進んで働く場を提供するはずです。

障がい者は、年間150万円、月に12～13万円を仕事の出来に関係なくもらえれば、この給料の中から月6～7万円を支払ってグループホームに入居することができ、地域で自立した生活を送ることができます。

そうすると、ご両親やきょうだいなどの家族は、老後が安心で、家族の負担も少なくなります。

さらに、中小企業の職人文化を活用して障がい者が社会で少しでも役に立って働けるようにすれば、福祉施設の方々の負担も減らすことができます。

国、企業、障がい者、家族、福祉施設――。

まさに「五方一両得」の皆働社会実現のしくみです。

「福祉」の本当の意味

まず、障がい者雇用を広げるためには、福祉の領域で障がい者のすべてを抱え込むという考え方を改める必要があります。

「役に立つ幸せ」は企業に一翼を担ってもらうべきです。

「なぜ、企業に福祉の一翼を?」と疑問に思われる方もいらっしゃるかもしれません。

しかし、「福祉」という言葉のそもそもの意味に立ち返ると、むしろ、現在のように福祉行政がすべてを担おうとすることには、無理があるのではないでしょうか。

「福祉」を広辞苑でひくと、「幸福」とあります。

そもそも「福祉」の「福」と「祉」という漢字は、両方とも「幸せ」という意味なのだそうです。

そして、「福」は主に物質的（お金も含めて）な生活の幸せをあらわし、「祉」は主に心の幸せをあらわすといいます。

ですから、福祉とは、ものと心、両方の幸せをあわせもった「幸せ」ということになります。

であれば、福祉施設は役に立って働ける幸せを企業にまかせたほうがよいのではないでしょうか？

特に、この「心の幸せ」は企業でこそ提供できるものなのです。

なぜなら、第3章で述べたように、人はみな「共感脳」を持っているからです。

障がい者にも当然「社会の役に立ちたい」という共感脳があります。

そして「役に立つことで幸せを感じる」からこそ、社会で働くことが大切なのです。

私はそろそろ、障がい者の幸せはすべて福祉行政が担うという発想から抜け出すべきだと思います。

むしろ、企業も含めた社会全体で「障がい者の幸せ」を実現していくことをめざしたほうが、福祉そのものが広がりますし、公費の節約に、また、真の「福祉」につながるのです。

しかも、国は、すべて国民は勤労の権利を有し、義務を負う（憲法27条）（皆働社会の意味）、すべて国民は健康で文化的な最低限度の生活を営む権利を有する（憲法25条）とある以上、福祉施設の運営も重度の障がいがあっても一人で地元の企業（中小企業）に通えるなら、職人文化を持った中小企業で働けるようにしたら、福祉本来の姿になり、憲法に忠実に従ったことになります。

今回の五方一両得の皆働社会の実現の提案は、日本理化学工業の実績に基づくものであり、国民に広く幸せを叶えるものでもあります。そして、障がい者雇用の現状も大きく前進させるものと思います。

第6章

会社は、人に幸せをもたらす場所

企業こそが「福祉」のもうひとつの担い手

会社は、人に幸せをもたらす場所である——。

私は、このように考えて企業経営に取り組んできました。

人は幸せを求めて生きています。

そして、人は働くことによってこそ、「ほめられ、人の役に立ち、必要とされる」という究極の幸せを手にすることができます。

であれば、「働く場」である会社は、労働に見合った給料を社員に支払うだけではなく、人間としての幸せをかなえる場所でなければならないはずです。

ですから、私は「利益第一主義」をとりません。

もちろん、企業を経営するためには利益は絶対的な条件です。

しかし、利益をいたずらに最大化しようとすると、社員に過重な負担をかけることになりがちです。

もし、そのために社員の「働く幸せ」を度外視するようなことがあれば、長期的に見れば企業の成長力を削いでしまうことになるからです。

むしろ、「働く幸せ」を大事にすることによって、社員のモチベーションも、職場の結束力も高まります。

その結果、企業は発展する力を身につけることができると考えています。

このように、企業が社員に幸せをもたらす場であるとすると、そこに企業の新しい存在意義が見えてくるのではないでしょうか？

それは、企業も「福祉」の重要な担い手なのだということです。

前述したように、福祉とは「幸福」のことです。

企業は、給料を支払うことによって「福」に貢献するとともに、「働く幸せ」を提供することによって「祉」の重要な一部分も担っているのです。

これは何も、障がい者を雇用しているから「福祉」の担い手であるということを言っているわけではありません。

健常者も障がい者も幸福を求めていることに変わりはありません。

雇用を通じて人々の幸せに貢献することを「福祉」ととらえているのです。

従来、国民の「福祉」を担うのは主に政府・行政の役割ととらえられてきました。

しかし、企業が利益をあげることだけを使命とするのをやめ、雇用を通じて「福祉」に貢献することも使命にするようになれば、社会は大きく変化していくのではないでしょうか？

政府・行政の役割も変わるでしょうし、企業社会の「利益第一主義」がもたらしてきたさまざまな弊害も緩和されてくるように思います。

私は、このように企業も「福祉」を担うという考え方を、「福祉主義」と名づけてみました。

これこそまさに「経世済民」の発想ではないでしょうか？

「共産主義」が崩壊し、世界的な経済危機によって「資本主義」も曲がり角にきているといわれています。

これから、どのように新しい社会をつくっていくのかが問われています。

そのとき、この「福祉主義」という考え方も、ひとつのヒントになりうるのではないかと考えています。

すべての人に「働く幸せ」を

ただ、当然のことですが、一企業だけで「福祉」を担いきることができるわけではありません。

現在の厳しい経済状況の中、私どもの会社も含め、多くの企業が、雇用を守るために死に物狂いの努力をしています。

このように、一企業のみでは対応しきれない事態が発生したときには、国は、民間企業を守る施策を打ち出すべきであるというのが、私の意見です。

その根拠は、「日本国憲法」にあります。

わが国の憲法はすべての国民の、「生命、自由及び幸福追求に対する権利」(13条)、「勤労の権利と義務」(27条)、そして「健康で文化的な最低限度の生活を営む権利」(25条)を保障すると定めています。

国は国民にこれらの権利を保障する責務を負っているということです。

しかし、それを実際に担っているのは企業にほかなりません。

企業が雇用することによって、国民は、勤労の権利を行使し、「働く幸せ」を手に入れ、支払われた賃金で生活を営むことができます。

つまり、企業は国に代わって、憲法が保障している国民の権利を実現しているということができるのです。

ただ、問題もあります。

すべての企業を支援することはできませんし、中には、経営努力を怠ってきた企業もあるかもしれません。

そのような企業まで支援してしまうと、貴重な公金を無駄にしてしまいかねません。

非常に難しい問題ではあります。

しかし、厳しい雇用情勢を前にすると、企業が「福祉」を担いうる条件整備が急がれると切実に思います。

憲法の規定で注目していただきたいのは、すべての国民の「生命、自由及び幸福追求に対する権利」「勤労の権利」「健康で文化的な最低限度の生活を営む権利」を保障しているということです。

健常者も障がい者も、老いも若きも、男性も女性もありません。

「すべての国民」です。


「はじめに」でご紹介した周利槃特の話を覚えていらっしゃるでしょうか？

彼は、一度は兄である摩訶槃特に「お前がいては迷惑がかかるばかりだから、ここを去れ」と祇園精舎を追い出されています。

しかし、釈迦は「お前にはお前の道がある」と連れ戻したのです。

なぜ、釈迦はこのような行動をとったのか――。

私たちは今こそ、じっくりと考える必要があると思います。

お金のためでもない、自分のためでもない、人のために働くからこそ、人は、ほめられ、人の役に立ち、必要とされる――。

私たち日本人は、もう一度このことを思いだすことによって、「働く幸せ」を取り戻し、もっといきいきとした社会をつくり出すことができるに違いありません。

経営者も、労働者も、男性も女性も、老いも若きも、そして障がい者も……。

分けへだてなく、みんなが「働く幸せ」を実感できる社会――。

私はそんな社会は決して〝夢物語〟ではないと思います。

「皆働社会」をめざして

日本国憲法第13条には、次のように記されています。

すべて国民は、個人として尊重される。生命、自由及び幸福追求に対する国民の権利については、公共の福祉に反しない限り、立法その他の国政の上で、最大の尊重を必要とする。

では、この13条に記された「幸福追求」とはどんなことでしょうか。

「はじめに」の「働く幸せの像」に刻んだ言葉で紹介したように、人間の幸せとは、働くことによって得られると、私は信じています。

そして前述したように、福祉とは「幸福」を意味する言葉です。

このことが真実であるという証拠が、日本国憲法第27条の中にありました。


すべて国民は、勤労の権利を有し、義務を負う。


働くということは、私たち日本国民の義務であると同時に、権利でもあるということです。

2015（平成27）年10月、安倍首相は「一億総活躍社会」をめざすと宣言しました。

安倍内閣が意味するのは、経済発展に主眼を置いた「一億総活躍」でしょう。

しかし、私が考える憲法27条の意味は、少し違います。

すべての国民が〝働くことで幸せを得られる〟社会。

それこそが、日本という国が本来めざしてきたものではないでしょうか。

私は憲法27条を、そう解釈しています。

そのために必要な権利を保障したものが、13条なのです。

日本国憲法の前文には「人類普遍の原理に基づく」とあります。

普遍的な人間の幸せ、そしてとるべき姿勢は、私たちの住む日本の憲法の13条と27条に、きちんと記されているのです。

ですから、私が提唱したいのは「一億総活躍社会」ではなく、「皆働（かいどう）社会」というものです。

障がい者であっても社会参加をしながら地域で生きていくことを「共生社会」といいますが、本当に障がい者が幸せになるためには、これだけでは足りません。

すべての人が「共に役に立って生きる」という「皆働社会」であるべきなのです。

憲法27条の「すべて国民は、勤労の権利を有し、義務を負う」。

これを漢字に置き換えたものが「皆働社会」です。

これは非常にシンプルですが、奥が深い言葉です。

わが社で働く障がい者たちは、働くことで幸せを感じています。

なぜなら、人間の幸せというのは、人の役に立って必要とされることだからです。

それを彼らが、私に教えてくれました。

だからこそ、私はみんなで働く、みんなが働ける「皆働社会」をめざしたいのです。

マザー・テレサの言葉に「この世の最大の不幸は、貧しさや病いではありません。自分は誰からも必要とされていないと感じることです」というものがあります。

人間の本当の幸せとは、衣食住が満たされる生物的な幸せだけではありません。人から必要とされ、役に立つことによって得られる心の幸せとが、両方揃ってこその幸せなのです。

キットパスに新風が吹く

現在、キットパスには新しい可能性が生まれています。

ダストレスチョークに代わる次の柱として、ガラスやホワイトボードなどに書いて水拭きで簡単に消せるキットパスをもっと広めたい！

お絵かきは脳の活性化にもよい行為とされることから、子どもから大人までがみんなで楽しめる「楽描き」文化の提案や、日常のいろいろなシーンで使ってもらえるように、「おふろｄｅキットパス」などの商品も開発しながら、キットパスを体験してもらえるさまざまなイベントにも参加してきました。

しかし、小さな会社ではできることに限界がありました。

そんな中、日本理化学工業の取り組みに共感してくれ、キットパスという商品も気に入ってくれ、応援してくれる人たちが増えてきました。

その中のひとつをご紹介すると、ＮＰＯ法人 ひさし総合教育研究所の三谷文子さんが、「私がキットパスを広めるしくみをつくります」と言って、出会って半年とたたないうちに、２０１３（平成25）年10月に協働事業で「キットパスアートインストラクター制度」をスタートさせてくれたのです。

企業と個人という枠を超えて、キットパスの使い方、楽しみ方を伝えてくれるキットパスアートインストラクターは、２０１８年2月現在、全国に１７００名以上誕生しています。

全国各地のインストラクターが、積極的に地元でキットパスのワークショップを開いたり、キットパスをファーストクレヨンとしてまわりにすすめてくれているのです。

子育て中、または子育てを卒業したお母さんとその家族（美大生もいます）が多いインストラクターさんは、障がい児をもつお母さんたちに希望を、一人でも多くの障がい者が社会で働けるように、その夢が詰まったキットパスを広めることで社会の役に立てると、志高く応援してくださっています。

「キットパスで水彩画を描く」「指を使ってキットパスでチョークアートを描く」「子どもの成長記録に手形スタンプをとる」「キットパスを油絵の具のように使い、名画に挑戦する」「キットパスを使い、ガラスに顔出しパネルをつくる」「キットパスをステンシルに使う」……。

これらは、社内では考えられなかった使い方です。

全国に広がるインストラクターたちが、各々の得意な特技を活用し、キットパスの可能性を引き出してくれています。

このように、たくさんの人の力を借りることで、一企業ではできなかったことが可能になるという、夢のある展開が実現しています。

キットパスは、人と人、人と地域をつないでいく、不思議な力を持っているような気がします。

これもまた、天の神様のご加護のように感じます。

神様が導いてくれた縁

日本理化学工業の障がい者雇用は、青鳥養護学校の先生の「あの子たちは、一生、働くということを知らずに、この世を終えてしまうのです」という言葉、そしてあるご父兄の「私たちは天の神様から『あなたたちならこの子を幸せにしてあげられるはずです』と、この子のめんどうを頼まれたのです」という言葉から始まりました。

それ以来、私は、そんな彼らを幸せにする会社、社会をつくらなければならない、

川崎市「生田緑地」サマーミュージアムで行われたキットパスのイベント「客車に絵を描こう」(2015年8月23日

民間学童保育の習い事「K-ART SCHOOL」のアート教室にて。生徒みんなで大きな窓に共同制作「カラフルな富士山」

との思いを強く持ち続けているのです。

渋沢栄一賞をいただいてからは、「福祉」という言葉の本質について深く考えるようにもなりました。

先に説明したように、中小企業の職人文化を活用することで、重度の障がいがあっても役に立てるというしくみを構築すれば、国、企業、障がい者、保護者、ひいては国民全体が幸せになれる社会の礎になるはずです。

知的障がい者は、私たちに無言の説法をして、すべての国民が幸せになれるしくみをつくる気づきを与えてくれたのではないでしょうか。

私は、それを果たすために天の神様が、日本理化学工業を選んでくださったのではないか、とすら感じています。

なぜなら日本理化学工業はチョークメーカーで、そのチョーク業界は、縮小傾向の衰退産業と言われ、大企業が参入しない小さな業界だったからです。

大企業が参入するような成長事業で、重度障がい者を多数雇用していたら、グローバル経済の中で生き残ることはできなかったでしょう。

小さな業界の会社だからこそ、最低賃金を払って、重度障がい者多数雇用を続けてこられたのだと思います。

戦後70年というタイミングで、古文具コレクター たいみちさんのアンティーク文具展で奇跡的な対面をした「初代キットパス」。たいみちさんからご寄贈いただき、現在わが社の宝物になっています（P.140で紹介）。

私の人生は、運命的な出来事や素晴らしいご縁の連続でした。

初の障がい者雇用を決めたときの養護学校の先生の熱意、美唄工場だからこそできたホタテ貝殻入りチョーク、早稲田大学の開発協力で生まれたキットパス、そして、長きにわたる川崎市の支援。

そして今、日本理化学工業はさまざまなメディアに取り上げていただいたり、渋沢栄一賞をはじめとするたくさんの素晴らしい賞をいただくまでになりました。

たくさんの人が見学に訪れてくださったり、講演に呼んでくださったり……。

そういったたくさんの出会いの中で、私自身、新たな気づきがたくさんありました。

先に紹介した小学生からの手紙もそのひとつです。

大学で勉強を続けて学者の道を歩みたかった私のような人間が、この小さな会社を継ぐことになったのも、神様の思し召しなのでしょう。

会社を継ぐことを決めたときにも、学生時代と同じように、私は「自分を最大限に活かせる人生にしてください」という思いで天に向かいました。

その願いによって、見えない力が障がい者雇用に導いてくださったのだという気がしてなりません。

そして、神様が私に、たくさんのご縁をくださったのです。

1日の仕事を終えたチョーク製造ラインの社員たち。仕事中の真剣な表情から一転、笑顔に変わる。現在、不良品率の抑制に全員一丸となって取り組んでくれている。

アメリカの心理学者、マズローによれば、人間の欲求には「生理的欲求（第1段階）」「安全の欲求（第2段階）」「所属と愛の欲求（第3段階）」「承認の欲求（第4段階）」「自己実現の欲求（第5段階）」の5段階があり、人間は自己実現に向かって成長していくのだそうです。

障がい者たちは、「生理的欲求」「安全の欲求」が満たされれば幸せというわけではありません。

「人に愛されること、人にほめられること、人の役に立つこと、人に必要とされること」は、「所属と愛の欲求」や「承認の欲求」にあたるものでしょう。

彼らは働くことで第3、第4段階の欲求が満たされ、第5段階の自己実現へと向かうことができるのです。

私は知的障がい者の無言の説法からさまざまなことを学び、またさまざまな出会いや気づきを得ることができました。

これまで生きていきた85年間、私がより大きな自己実現に向け成長できたのも、彼らのおかげなのです。

おわりに

『働く幸せ』を出版してから、9年の歳月が流れ、私の人生も大きく変わりました。

幸いなことに、本を読まれた全国のみなさまから大きな反響があり、各地で講演活動をさせていただくことになりました。

川崎市の小さなチョーク工場の社長に過ぎなかった私は、多くの方々と出会い、様々なことを学び、大きく成長させていただきました。

思えば、60年前から、弊社に入社された知的障がい者の方々に導かれるようにして、日本理化学工業の社員たちと私は「働く幸せの道」をまっすぐ歩んできました。

「働く」とは、人に必要とされ、人の役に立つこと。そのために、一所懸命に頑張れば、みんなに応援してもらえる。

私は、彼らに導かれて、このことに気づかせてもらったのです。

そして、「無言の説法」をしてくれる彼らの存在が、今日まで私を突き動かしてきてくれたのです。

知的障がい者と出会い、彼らに導かれて、こんなに素晴らしい人生を送らせてもらったと感謝しています。

『カンブリア宮殿』で、村上龍さんが言われた、ブーメランのように戻ってくるという言葉のとおり、現実に、私はそういう人生を生きてきたと思っています。

「利他の歩みこそ、より大きな自己実現への道」

これこそが、私が彼らに教えられ、導かれた人生の意味なのです。

2018年2月

大山泰弘

大山泰弘（おおやま・やすひろ）

1932 年東京生まれ。日本理化学工業（株）会長。
日本理化学工業は、1937 年に父・要蔵が設立したチョーク製造販売会社。中央大学法学部卒業後、病身の父の跡を継ぐべく同社に入社。1974 年、社長に就任。2008 年から現職。1960 年に初めて知的障がい者を雇用して以来、一貫して障がい者雇用を押し進めてきた。1975 年には、川崎市に日本初の知的障がい者多数雇用モデル工場を設置。2018 年現在、85 人の社員のうち 63 人が知的障がい者（障がい者雇用割合約 7 割）。製造ラインをほぼ 100%知的障がい者のみで稼働できるよう、工程にさまざまな工夫を凝らしている。こうした経営が評価され、2009 年、渋沢栄一賞を受賞した。

Facebook
https://www.facebook.com/NihonRikagaku

本書は 2009 年 7 月 31 日発行『働く幸せ』、2016 年 4 月 27 日発行『日本でいちばん温かい会社』（小社刊）を改題・改訂・新装化したものです。

「働く幸せ」の道

2018 年 3 月 25 日　第 1 版　第 1 刷発行

著　者　　大山泰弘
発行者　　玉越直人
発行所　　WAVE 出版
〒 102-0074　東京都千代田区九段南 3-9-12
TEL 03-3261-3713　FAX 03-3261-3823
振替 00100-7-366376
E-mail: info@wave-publishers.co.jp
http://www.wave-publishers.co.jp

印刷・製本　萩原印刷

NDC159　191p　19cm　ISBN978-4-86621-143-5